安全健康教育

主　编 ⊙ 孔令勇　许曙青　宗俊秀
副主编 ⊙ 罗　林　童光法　谭　铸　张安彬　孙　玥

清华大学出版社
北京

内 容 简 介

本书根据职业院校学生安全健康方面的新情况、新问题编写而成,从职业院校学生安全观的培养入手,内容贴近社会、贴近校园、贴近职业,注重结合职业院校学生实际,图文并茂、案例新颖、体例活泼,融知识性、实用性、趣味性与教育性于一体。

本书通过精心设计的八大模块,从国家安全的宏观视角讲到个人安全的微观细节,覆盖了安全教育的诸多方面,旨在帮助读者构建全方位的安全防护网。本书配套相应的教学案例及资源库,可用于职业院校安全教育,同时也可作为社会培训教材使用。

本书封面贴有清华大学出版社防伪标签,无标签者不得销售。
版权所有,侵权必究。举报:010-62782989,beiqinquan@tup.tsinghua.edu.cn。

图书在版编目(CIP)数据

安全健康教育 / 孔令勇,许曙青,宗俊秀主编.
北京:清华大学出版社,2025.3. -- ISBN 978-7-302-68460-2

Ⅰ. X956;G479

中国国家版本馆CIP数据核字第2025EE5550号

责任编辑:陈凌云
封面设计:张鑫洋
责任校对:袁　芳
责任印制:刘　菲

出版发行:清华大学出版社
网　　址:https://www.tup.com.cn,https://www.wqxuetang.com
地　　址:北京清华大学学研大厦A座
邮　　编:100084
社 总 机:010-83470000
邮　　购:010-62786544
投稿与读者服务:010-62776969,c-service@tup.tsinghua.edu.cn
质量反馈:010-62772015,zhiliang@tup.tsinghua.edu.cn
课件下载:https://www.tup.com.cn,010-83470410
印 装 者:河北鹏润印刷有限公司
经　　销:全国新华书店
开　　本:185mm×260mm　　印　张:9　　字　数:193千字
版　　次:2025年3月第1版　　印　次:2025年3月第1次印刷
定　　价:38.00元

产品编号:109210-01

《安全健康教育》
编委会

主　编：

孔令勇　许曙青　宗俊秀

副主编：

罗　林　童光法　谭　铸　张安彬　孙　玥

编　委（按姓氏笔画排序）

周重阳　周川燕　骆漪芸　姚　淼　袁　媛　程　予

前　言

安全是指没有危险、不受威胁、不出事故。安全需求伴随着人类历史发展的全过程，是人类个体生存和发展的保障，也是社会发展的前提。职业院校学生是国家宝贵的人才资源，是民族的希望、祖国的未来。维护学生安全健康，事关学生成长成才。普及安全知识、掌握安全技能、弘扬安全文化、提升安全健康素养、维护安全稳定，给学生一个平安、和谐的学习成长环境，是学校、家庭、社会的共同责任。

当前，国际国内的安全形势日趋复杂，职业院校学生安全面临新的考验。本书根据职业院校学生安全健康方面的新情况、新问题编写而成，构建了新形势下的职业院校学生安全健康教育体系。

本书内容由八个模块构成。

模块一：国家安全，包括国家安全常识、坚持总体国家安全观、维护国家安全三个话题。

模块二：心理安全，包括心理问题及调适、常见心理障碍、心理危机干预三个话题。

模块三：校园安全，包括校园安全常识、触电事故预防与应对、火灾事故预防与应对、踩踏事故预防与应对、危险化学品事故预防与应对五个话题。

模块四：财产安全，包括财产安全常识、校园盗窃预防与应对、电信诈骗预防与应对三个话题。

模块五：信息安全，包括预防个人信息被盗、预防网络欺凌、预防网络诈骗、预防网络成瘾四个话题。

模块六：卫生安全，包括卫生健康常识、常见传染病的预防与应对、食物中毒的预防与应对三个话题。

模块七：实习就业安全，包括实习就业安全常识、职业病预防与应对、实习就业安全事故预防与应对三个话题。

模块八：常见意外伤害事故预防与应对，包括溺水事故的预防与应对、交通事故的预防与应对、烧伤与烫伤事故的防护与应对、自然灾害自救与逃生四个话题。

本书集多年潜心研究成果和丰富教学经验于一体，以翔实可靠的案例，多角度、全方位地向职业院校学生讲解如何保护自身的安全，树立安全防范意识，并传授具体可行的操作方法，帮助学生树立"以人为本、观念预防"的理念，维护学生安全。

本书在贴近社会、贴近校园、贴近职业的同时，注重贴近职业院校学生实际。全书文字浅显易懂、案例新颖、体例活泼，融知识性、实用性、趣味性与教育性于一体，每一模块首先明确学习目标，引出知识点，通过设置"情景导入"，贯穿"知识讲解—典型案例—思考与探究"环节，帮助学生学习安全健康的普适性知识，强化安全健康意识，提升安全技能水平，提高实际应用能力,形成良好的安全健康素养。

在本书的编写过程中,编者多次将目录和书稿发给职业院校专家、在校师生、行业企业专家阅读,听取他们的意见,并认真修改完善,几易其稿,力求体现"坚持安全第一、预防为主,建立大安全大应急框架,完善公共安全体系"的精神,以新安全格局保障新发展格局。在本书的编写过程中,编者还参阅了部分专家、学者和同仁的教材、专著和论文,吸取了诸多精华,邀请了中国职业安全健康协会、江苏省许曙青职业安全健康与科技创新名师工作室、江苏省职业教育安全技术与管理技术专业教师教学创新团队、江苏省职业教育防灾减灾技术专业教师教学创新团队的专家参与编写与审核,在此表示深深的谢意!

由于本书涉及内容广泛,书中难免存在不足之处,请广大读者朋友不吝赐教。

编　者
2024 年 10 月

目 录

模块一　国家安全　………………………………………………………………… 1
　话题一　国家安全常识 …………………………………………………………… 3
　话题二　坚持总体国家安全观 …………………………………………………… 6
　话题三　维护国家安全 …………………………………………………………… 7

模块二　心理安全 ………………………………………………………………… 11
　话题一　心理问题及调适 ………………………………………………………… 13
　话题二　常见心理障碍 …………………………………………………………… 18
　话题三　心理危机干预 …………………………………………………………… 25

模块三　校园安全 ………………………………………………………………… 33
　话题一　校园安全常识 …………………………………………………………… 35
　话题二　触电事故预防与应对 …………………………………………………… 38
　话题三　火灾事故预防与应对 …………………………………………………… 40
　话题四　踩踏事故预防与应对 …………………………………………………… 44
　话题五　危险化学品事故预防与应对 …………………………………………… 46

模块四　财产安全 ………………………………………………………………… 53
　话题一　财产安全常识 …………………………………………………………… 55
　话题二　校园盗窃预防与应对 …………………………………………………… 57
　话题三　电信诈骗预防与应对 …………………………………………………… 59

模块五　信息安全 ………………………………………………………………… 63
　话题一　预防个人信息被盗 ……………………………………………………… 65
　话题二　预防网络欺凌 …………………………………………………………… 68
　话题三　预防网络诈骗 …………………………………………………………… 70
　话题四　预防网络成瘾 …………………………………………………………… 72

模块六　卫生安全 ………………………………………………………………… 77
　话题一　卫生健康常识 …………………………………………………………… 79

  话题二 常见传染病的预防与应对 …………………………………………… 82
  话题三 食物中毒的预防与应对 ………………………………………………… 84

模块七 实习就业安全 ……………………………………………………………… 87
  话题一 实习就业安全常识 …………………………………………………… 89
  话题二 职业病预防与应对 …………………………………………………… 92
  话题三 实习就业安全事故预防与应对 ……………………………………… 98

模块八 常见意外伤害事故预防与应对 ……………………………………………… 103
  话题一 溺水事故的防护与应对 ……………………………………………… 105
  话题二 交通事故的预防与应对 ……………………………………………… 112
  话题三 烧伤与烫伤事故的防护与应对 ……………………………………… 120
  话题四 自然灾害自救与逃生 ………………………………………………… 127

参考文献 ……………………………………………………………………………………… 135

模块一 国家安全

国家安全，国之根本，民之安宁。

党的二十大报告指出："国家安全是民族复兴的根基，社会稳定是国家强盛的前提。"党的十八大以来，以习近平同志为核心的党中央顺应时代发展大势，从新时代坚持和发展中国特色社会主义的战略高度，把马克思主义国家安全理论与当代中国安全实践、中华优秀传统战略文化结合起来，创造性提出总体国家安全观，为做好新时代国家安全工作提供了根本遵循和行动指南。

国家安全是安邦定国的重要基石，维护国家安全是全国各族人民根本利益所在。新时代，世界百年未有之大变局加速演进，我们面临的风险与挑战日益增多。在全社会，特别是青年学生中树立国家安全意识，坚持总体国家安全观，自觉维护国家安全，对于推进中国特色社会主义伟大事业、实现国家长治久安和中华民族伟大复兴具有重要作用。

话题一　国家安全常识

情景导入

职业院校学生小王在网上发现了一个看似有趣的网站,网站上有很多他从未见过的信息和图片。出于好奇,他开始下载并分享这些内容。不久后,他发现计算机运行变得异常缓慢,甚至出现了一些奇怪的弹窗。最终,小王的计算机被黑客攻击,他的个人信息和重要文件都被窃取了。

小王为什么会遭遇这样的不幸?

知识讲解

2015年7月1日,第十二届全国人民代表大会常务委员会第十五次会议通过《中华人民共和国国家安全法》(以下简称《国家安全法》),该法第二条规定:"国家安全是指国家政权、主权、统一和领土完整、人民福祉、经济社会可持续发展和国家其他重大利益相对处于没有危险和不受内外威胁的状态,以及保障持续安全状态的能力。"这是国家安全的基本含义。

当今世界正处于百年未有之大变局,形势复杂严峻。随着我国面临的风险因素日益增多,国家安全的内涵日益深厚,外延不断拓展,其丰富程度已超越历史任何时期。新时代国家安全包括政治安全、军事安全、国土安全、经济安全、金融安全、文化安全、社会安全、科技安全、粮食安全、生态安全、资源安全、核安全、海外利益安全、太空安全、深海安全、极地安全、生物安全、人工智能安全、网络安全、数据安全。其中,太空、深海极地、生物安全属于新型领域安全,是未来国际竞争的焦点。

《国家安全法》第十四条规定:"每年4月15日为全民国家安全教育日。"

2020年9月28日,教育部发布《大中小学国家安全教育指导纲要》,该指导纲要规定的具体学习内容如下所述。

政治安全包括政权安全、制度安全、意识形态安全等方面,是国家安全的根本,对于保障人民安全、维护国家利益,不断提高全体国民的获得感、幸福感、安全感,实现国家长治久安,具有根本性、全局性的重大意义。面临渗透、分裂、颠覆等敌对活动的威胁。维护政治安全必须加强党的领导、坚定理想信念。

国土安全包括领土以及自然资源、基础设施安全等方面，核心是指领土完整、国家统一，边疆边境、领空、海洋权益等不受侵犯或免于威胁的状态，是国家生存和发展的基本条件。面临境内外分裂势力的挑衅。维护国土安全必须加强国防和外交能力建设。

军事安全包括军事力量、军事战略和领导体制等方面，是国家安全的重要保障和保底手段。面临世界军事变革深入发展带来的挑战和潜在战争风险。维护军事安全必须贯彻落实习近平强军思想，全面推进国防和军队现代化建设。

经济安全包括经济制度安全、经济秩序安全、经济主权安全、经济发展安全等方面，是国家安全与发展的基础。面临国际经济金融动荡和国内经济可持续发展挑战。维护经济安全必须坚持和完善中国特色社会主义经济发展道路。

文化安全包括文化主权、文化价值观、文化资源安全等方面，是确保一个民族、一个国家独立和尊严的重要精神支撑。面临外部意识形态渗透、消极文化侵蚀、文化自信和向心力缺失等威胁。维护文化安全必须强化中华优秀传统文化、革命文化、社会主义先进文化教育。

社会安全包括社会治安、社会舆情、公共卫生等方面，是社会和谐稳定的基础。面临重大疫情、群体性事件、暴力恐怖活动、新型违法犯罪等威胁。维护社会安全必须健全法制，完善体制机制，提升应对重大新发突发传染病等社会公共安全事件的能力。

科技安全包括科技自身安全和科技支撑保障相关领域安全，涵盖科技人才、设施设备、科技活动、科技成果、成果应用等多个方面，是支撑国家安全的重要力量和技术基础。面临重点领域核心技术受制于人、原始创新能力不足等问题。维护科技安全必须重视人才培养、突破关键技术。

网络安全包括网络基础设施、网络运行、网络服务、信息安全等方面，是保障和促进信息社会健康发展的基础。面临网络基础设施安全隐患和网络犯罪等威胁。维护网络安全必须践行"没有网络安全就没有国家安全，没有信息化就没有现代化"的理念，强化依法治网、技术创新、国际合作等，树立网络空间主权意识。

生态安全包括水、土地、大气、生物物种安全等方面，是人类生存发展的基本条件。面临生态破坏、环境污染、疫情等威胁。维护生态安全必须践行"绿水青山就是金山银山"理念，加强综合治理，筑牢国家生态安全屏障。

资源安全包括可再生资源安全、不可再生资源安全等方面，是国家战略命脉和国家发展依托。面临供需矛盾大、对外依存度高、开发利用水平低等问题。维护资源安全必须坚持推进绿色发展、利用好两个市场和两种资源。

核安全包括核材料、核设施、核技术、核扩散安全等方面，事关人类前途命运。面临核事故风险、涉核恐怖活动、核扩散威胁和核对抗挑战等。维护核安全必须强化政治投入、国家责任、国际合作、核安全文化建设，全面提升核技术能力。

海外利益安全包括海外中国公民、机构、企业安全和正当权益,海外战略性利益安全等方面。面临冲突与政局动荡、国际恐怖主义、重大自然灾害、重大新发突发传染病疫情等威胁。维护海外利益安全是高水平对外开放的必然要求,必须提升海外安全保障能力,加强国际合作。

新型领域安全包括太空、深海、极地、生物等发展探索、保护利用等,是未来国际竞争的新焦点。面临技术挑战、参与国际规则制定等问题。维护新型领域安全必须推进顶层设计、加快人才培养、深化国际合作等。

典型案例

大学生小李被诱骗泄露军事信息

2018年11月,在郑州市某大学就读的大学生小李在网络上结识了一位自称是军民融合企业的公司职员。这位"公司职员"对小李非常"热心",经常关心小李的家庭、学习和生活情况,以"过来人"的身份表示可以帮助小李进行职业规划,并且提供兼职机会。

2019年1月,小李因为经济问题,主动向对方提出兼职的需求。对方称公司正在搞一个军民融合项目,提出让他拍摄一些军事杂志的图片。小李在学校没有找到相关的资料,便利用假期到老家图书馆内找到8本军事杂志,用手机拍摄了700多张图片,随后通过图片压缩包方式传送给对方。让小李高兴的是,对方通过微信转账给他支付了1800元的报酬。在初步尝到甜头后,小李继续按照对方的要求,搜集并传送了关于我国海军成立70周年阅兵和中华人民共和国成立70周年国庆阅兵的相关信息。

令小李没想到的是,2019年2月,郑州市国家安全局的侦查员找他谈话,并扣押了他的手机和计算机。

案例分析:

小李的这些行为实际上已经涉及国家安全的敏感领域,他所提供的军事杂志图片和阅兵信息,很可能被用于敌对势力的情报分析,从而对我国国家安全构成潜在威胁。

该案例提醒我们,国家安全无小事,每个人都应该增强国家安全意识,警惕网络上的各种诱惑和陷阱。尤其是在涉及军事、政治等敏感信息时,更应保持高度警觉,切勿因小利而误入歧途,成为危害国家安全的帮凶。

最终,小李因为违反国家安全法规,涉嫌泄露国家机密,被相关部门依法处理。

思考与探究

1. 什么是国家安全?
2. 自觉维护国家安全的重要意义是什么?

话题二　坚持总体国家安全观

情景导入

2014年4月15日，习近平在中央国家安全委员会第一次会议上首次提出总体国家安全观，强调要准确把握国家安全形势变化新特点新趋势，坚持总体国家安全观，走出一条中国特色国家安全道路。

那么，什么是总体国家安全观？

知识讲解

党的二十大报告指出："必须坚定不移贯彻总体国家安全观，把维护国家安全贯穿党和国家工作各方面全过程，确保国家安全和社会稳定。"总体国家安全观是一个内容丰富、开放包容、不断发展的思想体系，其核心要义可以概括为五大要素和五对关系。五大要素就是以人民安全为宗旨，以政治安全为根本，以经济安全为基础，以军事、文化、社会安全为保障，以促进国际安全为依托。五对关系就是既重视发展问题，又重视安全问题；既重视外部安全，又重视内部安全；既重视国土安全，又重视国民安全；既重视传统安全，又重视非传统安全；既重视自身安全，又重视共同安全。

2020年12月11日，十九届中央政治局举行第二十六次集体学习，习近平总书记就贯彻总体国家安全观提出十点要求，主要内容概括如下：一是坚持党对国家安全工作的绝对领导；二是坚持中国特色国家安全道路；三是坚持以人民安全为宗旨；四是坚持统筹发展和安全；五是坚持把政治安全放在首要位置；六是坚持统筹推进各领域安全；七是坚持把防范化解国家安全风险摆在突出位置；八是坚持推进国际共同安全；九是坚持推进国家安全体系和能力现代化；十是坚持加强国家安全干部队伍建设。

党的二十大对国家安全工作进行专章部署，提出："坚持以人民安全为宗旨、以政治安全为根本、以经济安全为基础、以军事科技文化社会安全为保障、以促进国际安全为依托，统筹外部安全和内部安全、国土安全和国民安全、传统安全和非传统安全、自身安全和共同安全，统筹维护和塑造国家安全，夯实国家安全和社会稳定基层基础，完善参与全球安全治理机制，建设更高水平的平安中国，以新安全格局保障新发展格局。"

总体国家安全观是新时代国家安全工作的基本，强调的是"总体"，突出的是"大安全"理念，包含了政治、军事、国土、经济、金融、文化、社会、科技、网络、粮食、生态、资源、核、海外利益、太空、深海、极地、生物、人工智能、数据等众多领域,并随着社会发展不断拓展丰富。

坚持总体国家安全观要构建统筹各领域安全的新安全格局。具体要做到:统筹发展和安全、把维护政治安全放在首要位置、维护重点领域国家安全。

典型案例

国家安全实践:人民至上、生命至上

2021年夏季,河南省遭遇历史罕见的特大暴雨灾害,多地出现严重内涝、山洪和地质灾害,导致交通中断、电力通信受损,人民群众生命财产安全面临严重威胁。面对这场突如其来的自然灾害,党中央、国务院高度重视河南的汛情灾情。习近平总书记对防汛救灾工作作出重要指示,要求始终把保障人民群众生命财产安全放在第一位,抓细抓实各项防汛救灾措施。从中央到各地,从军队到民众,从企业到个人……全国上下同舟共济,赶赴河南支援的解放军和武警部队、消防救援队伍、央企和各省专业队伍、民间救援队和志愿者等各方力量勠力同心、众志成城,共同开展了一场英勇顽强的斗争。

案例分析:

这一案例体现了总体国家安全观中的"以人民安全为宗旨"。在河南特大暴雨灾害救援行动中,我国始终把人民的生命安全和身体健康放在首位,迅速、高效、有序地开展了各项救援工作。通过紧急响应、高效组织、科学排涝、抢险救援,以及灾后重建等一系列措施,最大限度地保护了受灾群众的生命财产安全,维护了社会的稳定和谐。

思考与探究

1. 总体国家安全观的核心要义是什么?
2. 怎样坚持总体国家安全观?

话题三 维护国家安全

情景导入

在一座安静的小镇上,有一所名为"光明中学"的学校。学校里有一个特别的社团,叫作"国家安全小卫士"。这个社团的目的是让学生了解国家安全的重要性,并培养他们维护国家安全的意识。

小明是"国家安全小卫士"的一员。一天,他在浏览学校论坛时,无意间发现了一条可疑

的帖子。帖子的内容涉及一些军事设施的模糊照片和一些看似无关紧要的数据,但小明觉得这些信息可能对我国的安全构成威胁。

如果你是小明,你会怎么做?

知识讲解

维护国家安全是确保国家长治久安、人民安居乐业的重要保障,也是国家发展的基础。作为中华人民共和国公民,维护国家安全是应尽的义务。《国家安全法》第七十七条规定了公民和组织应当履行的维护国家安全的义务:①遵守宪法、法律法规关于国家安全的有关规定;②及时报告危害国家安全活动的线索;③如实提供所知悉的涉及危害国家安全活动的证据;④为国家安全工作提供便利条件或者其他协助;⑤向国家安全机关、公安机关和有关军事机关提供必要的支持和协助;⑥保守所知悉的国家秘密;⑦法律、行政法规规定的其他义务。任何个人和组织不得有危害国家安全的行为,不得向危害国家安全的个人或者组织提供任何资助或者协助。

进入新时代,我们面临的国家安全形势更为严峻。作为中华人民共和国公民,尤其是当代大学生,不管在大学学习期间,还是以后走向工作岗位,都要始终树立国家安全意识,坚持总体国家安全观,自觉维护国家安全。

自觉维护国家安全要做到以下五点。

(1) 始终树立国家利益高于一切的观念。国家安全涉及社会生活的方方面面,是国家、民族生存与发展的首要保障。所以,每个大学生都要从我做起,从每件小事做起,时刻将国家安全置于首要位置,这不仅是国家利益的需要,也是个人安全的需要。

(2) 掌握、遵守有关国家安全和保密工作的法律、法规。要认真学习、掌握有关国家安全的法律知识,懂得什么是合法、什么是违法,可以做什么、不能做什么。

(3) 始终保持警惕,善于辨别真伪。在全球化不可逆转的趋势下,国际交流日益频繁,一些境外间谍人员常以友好使者、学术交流、经济援助、出国担保、旅游观光、新闻采访等手段搜集情报。因此,只有保持高度的警惕性,提高鉴别力,才能在对外交往中,做到既热情友好,又内外有别;既珍惜个人友谊,又牢记国家利益;既能争取外援,又不失国格、人格。识别伪装既难又易,关键就在淡泊名利,克服妄自菲薄的不正确思想,自觉抵制各种诱惑。

(4) 特别注意科技保密,防止互联网的泄密。在当今的信息时代,国家安全的维护不仅取决于传统的有形领域,还取决于无形且重要的网络疆界。各国都已把互联网安全纳入国家安全战略高度。一些大学生出于好奇,或为了炫耀高超的计算机水平,不惜以黑客身份刻意去搜索、破解国家机密,然后将其公之于众,殊不知,此举既触犯了国家法律,又正中国外谍报机关的下怀。

(5) 积极配合国家安全机关的工作。国家安全机关是《国家安全法》规定的国家安全工作的主管机关。国家安全机关和公安机关按照国家规定的职权划分,各司其职,密切配合,维护国家安全。积极配合国家安全机关的工作是每一位中华人民共和国公民应尽的义务。

当国家安全机关需要大学生配合工作时,在国家安全机关工作人员表明身份和来意后,每位大学生都应当按照《国家安全法》所规定的义务,认真履行自身职责,积极提供便利和协助,并如实反映情况和提供证据,做到不推、不拒、不阻碍国家安全机关执行公务。

典型案例

成某案——国家安全的警钟

成某,1975年生于湖南省岳阳市,1985年跟随父母定居澳大利亚,昆士兰大学商学学位,曾是央视主持人。2020年5月,成某在未经许可的情况下,违反了与聘用单位签署的保密条款,非法将工作中掌握的国家秘密内容通过手机提供给某境外机构。同时,她还利用其在媒体界的影响力和社交圈子,秘密接触美国和澳大利亚的情报人员,并向他们提供我国的金融信息。

2020年8月,北京市国家安全局依法对成某采取了刑事强制措施。经过一系列的调查和审判程序,最终,北京市第二中级人民法院以为境外非法提供国家秘密罪判处成某有期徒刑二年十一个月,并附加驱逐出境的处罚。

案例分析:

《国家安全法》第七十七条规定,公民和组织应遵守宪法、法律法规关于国家安全的有关规定,保守所知悉的国家秘密。成某向境外提供国家秘密的行为,直接危害了国家的政治安全、经济安全。国家秘密的泄露可能导致国家在政治、经济等多个领域的利益受损,影响国家战略的制定和执行。

此案提醒我们,在全球化时代,国家安全不仅仅是军事和政治层面的安全,更包括经济、文化、社会等多个领域的安全。因此,维护国家安全需要全社会的共同努力。

思考与探究

1. 危害国家安全的行为有哪些?
2. 职校生应该如何维护国家安全?

模块二 心理安全

心理安全是个体取得人生成就和幸福的重要基石,对人的一生发展有着重要意义。从整体上看,乐观开朗的性格、坚韧不拔的品质、积极向上的人生态度对个体的成长和社会的发展起着重要的作用。学生作为一个特殊的群体,如果心理安全状况不容乐观,将严重影响身心健康,因此有必要对学生心理安全进行指导,以培养其良好的心理素质。

本模块从心理问题及调适、常见心理障碍、心理危机干预三方面入手,引导大学生掌握心理安全相关知识,进而能够识别心理问题、心理障碍以及心理危机,并学会正确调适心理问题,预防和应对心理障碍及心理危机。

话题一　心理问题及调适

情景导入

小张,男,某职业院校二年级学生,自述长期处于失眠、心境低落、思维迟钝、精神恍惚和注意力不集中的状态,影响到他和同学、老师之间的正常交往。

小张从小学到高中一直在班里名列前茅,但高考时发挥失常。小张身边的同学大多是通过职教高考考进来的,这些同学的技能操作水平扎实、专业知识面比小张广。在注重培养技能的职业院校里,小张时常为自己动手能力差、技能薄弱而感到自卑。

知识讲解

一、概念

(一) 心理健康

世界卫生组织(World Health Organization,WHO)对于健康的概念有过多次阐述。在1948年生效的《世界卫生组织宪章》中,健康被定义为"不仅是没有疾病和不虚弱,而且是身体、心理和社会功能三方面都处于完满状态的状况"。1990年,WHO进一步深化了健康的概念,认为健康包括躯体健康、心理健康、社会适应良好和道德健康四个方面,形成了四维健康观。身体健全、情感理智和谐,并能很好地适应社会环境,这是当代健康人的必备条件。

心理健康具有相对性和阶段性。没有绝对的健康与不健康,只是心理健康的程度不同。同时,衡量心理健康的标准也应根据国家或地区的文化背景差异而有所不同。

人的一生中,心理状态是动态发展的,可能从不健康转变为健康,也可能从健康转变为不健康。因此,人们所指的心理健康只是某一阶段特定的心理状态。

(二) 心理问题

1. 一般心理问题

一般心理问题是指由现实因素激发、持续时间较短、不严重破坏社会功能、情绪反应在理智控制之下且尚未泛化的心理不健康状态。

一般心理问题的诊断标准如下。

(1) 由于现实生活压力、工作压力、处事失误等因素而产生内心冲突,冲突是常形的,并因此而体验到不良情绪，如厌烦、后悔、懊丧、自责等。

（2）不良情绪不间断地持续一个月，或不良情绪间断地持续两个月仍不能自行化解。

（3）不良情绪反应仍在相当程度的理智控制下，始终能保持行为不失常态，基本维持正常的生活、学习、社会交往，但效率有所下降。

（4）自始至终，不良情绪的激发因素仅限于最初事件；即使是与最初事件有联系的其他事件，也不会引起此类不良情绪。

2. 严重心理问题

严重心理问题是由相对强烈的现实因素激发、初始情绪反应强烈、持续时间较长、内容充分泛化的心理不健康状态。

严重心理问题的诊断标准如下。

（1）引起严重心理问题的原因是较为强烈的、对个体威胁较大的现实刺激。内心冲突是常形的。在不同的刺激作用下，求助者会体验到不同的痛苦情绪，如悔恨、冤屈、失落、恼怒、悲哀等。

（2）从产生痛苦情绪开始，痛苦情绪间断或不间断地出现，持续时间在两个月以上、半年以下。

（3）遭受的刺激程度越大，反应越强烈。大多数情况下，会短暂地失去理性控制；在后来的持续时间里，痛苦可逐渐减弱，但单纯地依靠"自然发展"或"非专业性干预"难以解脱；对生活、工作和社会交往有一定程度的影响。

（4）痛苦情绪不但能被最初的刺激引起，而且与最初刺激相类似、相关联的刺激也可引起此类痛苦，即反应对象被泛化。

（三）神经症性心理问题

神经症性心理问题又称可疑神经症，是一种心理不健康状态，已接近神经衰弱或神经症，或者说本身就是神经衰弱或神经症的早期阶段，有时也会把有严重心理问题但没有严重的人格缺陷者（如均衡性较差的人格）列入这一类。

二、职业院校学生容易产生的心理问题

处于15~20岁青春期的学生，是其人生发展的关键阶段。由于这个阶段的特殊性，人们又把青春期称为"心理断乳期"或"人生的第二次危机"。意指从这个时期开始，个体将在心理上脱离父母的保护及对他们的依恋，逐渐成长为独立的社会个体。从青春期开始的"断乳"，给学生带来了非常大的不安，尽管他们在主观上有独立的要求和愿望，但实际上难以在短时间内适应独立生活，对于许多问题，他们还不能够依靠自己的力量和能力去解决，同时又不愿求助父母或其他人，担心有损独立人格。

学生生活的集体环境是一个学习压力大且竞争激烈的环境，很多学生都是第一次离开父母独自生活，进校后难免在人际交往、学习等方面产生困惑，进而发展成心理问题。

(一) 新生不适应问题

1. 认知上:自我认识发生偏差,自信心不足

新生刚到全新的环境时,总爱这样问自己:"别人喜不喜欢我?我有没有吸引力?我还有没有优势?"在错误信念引导下,容易出现失落、自卑的心理,自信心受到打击。

2. 情绪上:学习方式不适应,导致自我封闭

由于环境变化大、压力大,新生容易出现害怕、嫉妒、焦虑、自卑等情绪表现。由于新生的时间相对空闲,往往会产生一种不适应的感觉,总认为班上其他同学比自己强,容易自卑、生气、产生强烈的孤独感;喜欢感叹"这个阶段的同学情谊不如中学阶段的感情深厚",于是产生了迷茫、焦虑等情绪,长久下去就会造成自我封闭,影响正常的人际交往。

3. 行为上:相对宽松的时间分配不合理,自我发展规划混乱

新生适应不良在行为上的表现主要有退缩、过分保护自己、什么活动都不参与、从不主动和其他同学交往等。而有的学生在丰富多彩的生活中,表现得过分积极,什么活动都参加,整天忙得团团转,但似乎什么事情都没有做好,学习还因此受到了很大影响。

许多新生盲目效仿高年级学生的发展规划,形成了许多混乱的发展目标,并未真正结合自身的兴趣、优势和日常学习安排等,导致整日都处于疲劳状态,效率低下。

(二) 人际交往

1. 自卑

自卑是指过低评价自己而造成的消极心理。自卑心理的产生源于多种原因,如家庭条件、容貌长相、学习成绩、才艺特长等。自卑心理致使一些学生在与人交往中出现不自信、敏感、猜疑等现象,如害怕、担心别人看不起自己,心情抑郁、压抑等。有些学生用自傲来掩饰自卑的心理,喜欢与人争论,具有较强的攻击性,导致同学间关系紧张。

2. 嫉妒

嫉妒是指在才能、成绩、荣誉、容貌等不如别人时,由羞愧、愤怒,以及"既生瑜,何生亮"的怨恨引发的一种复杂的情绪。嫉妒会限制交往的范围,抑制交往的热情,甚至"视友为敌"。如培根所言:"嫉妒这恶魔总是在暗地里,悄悄地去毁掉人间的好东西。"

3. 自我为中心倾向

现在的学生大多是独生子女,自幼备受家庭的宠爱与呵护,在人际交往中,更习惯从自己的立场、观点出发,对待周围的人和事。他们往往对别人期望高、要求严,对自己约束松、要求低。因而,部分学生在与同学、朋友、老师相处的过程中,时常以自我为中心去看待别人、要求别人,很少去体会别人的想法与感受,在交往中缺乏与人合作的意识与行为及换位思考的能力。总是以自己的思想、情感和需要为出发点,不体谅他人的感受,致使一些学生很难真正适应学校的环境和集体生活。

4. 功利化倾向

随着市场经济的深入发展,人们的商业意识日趋增强。面对激烈的竞争和就业的压力,越来越多的学生开始重视人际交往的物质实惠,"有用即交往""有求即结识""互相利用"等功利意识逐步增强。很多人注重"往前看",进取征程上能用到就想办法结交相识,用不上就不交往;忽视"向后看",缺乏感恩意识。个别学生将功利主义作为人际交往的指导思想,表现为有用的才交、无用的不交,用处大的深交、用处小的浅交的交往观念。

(三)情感类问题

1. 单恋

单相思是恋爱心理中的一种认知和情感上的偏差或失误,它使某些学生陷入痛苦的境地,处于空虚、烦恼,甚至绝望之中。若处理不当,往往会对以后的恋爱、婚姻生活产生消极的影响,因此,陷入单相思的学生要及早止步另做选择。

2. 失恋

失恋带来的悲伤、痛苦、绝望、忧郁、焦虑、空虚等情绪会使当事人受到伤害,是人生中最严重的心理挫折之一。失恋所引发的消极情绪若不及时化解,会导致身心疾病。

3. 网恋

网恋是网络时代一种新的情感交往方式,许多人在参与的同时,也存在困惑和疑虑。网络本身具有身份虚拟与隐藏等特点,如果不能正确对待,可能会引发一些问题,对学生的成长甚至一生都会产生负面影响。

(四)学习问题

1. 学习过程中的不适应

当学生走进一个新的环境时,往往会产生种种问题,如不适应学校的安排、不适应学校的教学模式、不适应学校的学习方式、不适应学校的考试方式和要求等。

2. 学习目的不明确,缺乏计划性

学习计划是实现学习目标的重要保证。有些学生对自己的学习毫无计划,整天忙于被动地应付作业和考试,缺乏主动性与自觉性,看什么、做什么、学什么都心中无数。他们总是在考虑"老师要我做什么"而不是"我要做什么"。

3. 学习缺乏自信

缺乏自信就是人们俗称的自卑,指感觉自己各方面都不如别人。在学习上表现为个人对自己的智力、学习能力及学习水平做出偏低的评价,总觉得自己不如别人,从而导致悲观失望、丧失信心等情绪。

三、学生心理问题的调适方法

(一)自我意识调节

自我意识使人能够认识和体验自己的情绪,同时也可控制情绪的变化。如一个人的政治意识、大局意识、核心意识、看齐意识等均可对情绪起到调节作用。只有提高自我意识的支配能力,才能保证较高的自我意识水平,发挥正常的自我意识功能。

(二) 情感调节

学生精力旺盛,情感丰富,常常产生一些不良情绪,如果不良情绪所产生的能量难以释放,就会影响身心健康。因此,要学会情感调节,使不良情绪得到转化,即将不良情绪带来的能量引向比较符合社会规范的方向,转化为具有社会价值的积极行动。

(三) 语言暗示调节

随着知识和阅历的不断丰富,学生开始具有独立思维、独立意识能力。通过科学运用语言暗示,可解决一些学生的思想问题,在学生政治思想教育方面有积极的作用。

(四) 理智调节

学生往往好强气盛,在日常生活中易出现强烈的情绪反应,这会使思维变得狭隘、情绪难以自控。因此,无论遇到什么事件,产生什么情绪,都要用理智的头脑分析并推理,找出原因,从而保持心理平衡。

(五) 注意力转移调节

转移注意力在心理保健中必不可少。当学生心绪不佳时,可以外出参加一些娱乐活动,换换环境、换个想法,因为新的刺激有助于忘却不良的情绪。

(六) 合理宣泄调节

有的情绪可以升华,有的情绪则不一定要升华,合理宣泄同样可以起到心理调节的作用。但要注意情绪宣泄的对象、地点、场合、方式等,切不可任意宣泄,无端迁怒于他人,造成不良后果。

(七) 交往心理调节

交往是人类不可缺少的社会性需要,它不仅包括利益和物质的交流,也包括情感与思想的交流。因此当心情不愉快时,不妨向同学和朋友交谈倾诉一番,特别是向异性朋友倾诉,往往会产生良好的心理调节作用。

(八) 群体阶段性心理调节

学生在校期间,在各年级时的心理特点不同,要注重不同年级心理的调节。例如,新生入校时应注意学生生活适应不良的调节;而高年级特别是毕业班的学生,应引导他们对未来目标的选定,个人与国家利益之间的舍弃与服从等方面的调适,以保证学生在各阶段均有良好的心理。

(九) 审美心理调节

爱美之心,人皆有之。只有人人追求美,社会才能更有活力。学生由于正处于身心发育阶段,他们在学习的同时,也注重美的选择。因此,应引导他们对内在美与外在美的调节。只有高尚的心灵与美好的外部形体相结合,才能形成不俗的气质和高雅的风度。21世纪,中国的发展需要大批德、智、体、美、劳全面发展的复合型人才。学校教育是培养各类专业人才的基础,学生肩负着国家发展的重大使命,是祖国未来建设的栋梁。

但是,随着现代社会经济发展,市场竞争日趋激烈,学生的危机感也日益增强,各种矛盾与困惑日益增多,心理负荷越来越大,积累久了,就会成为一个危险要素,影响学生的心理健康,进而影响学生的生活质量和发展前景。所以,学校不应该只关注学生的躯体问题,更应该关注学生的心理问题,以保证学生的身心得到全方位的发展。

典型案例

悦纳自我,接受自己的不完美

小马终于开始独立面对人生,她很想在各方面都表现自己,希望大家发现自己是一个优秀的人。但是,她想的往往和做的不一样,心里有些焦虑。刚进校时,她急于表现自己,参加了学校组织的大量活动,但由于没有做好时间分配,期中考试成绩陡然下降,这让她后悔、伤心不已。

案例分析:

小马作为刚入学的新生,应当先考虑如何更好地适应职业院校的学习和生活,而不是盲目地参加大量的活动。虽然她积极参与了丰富多彩的活动,看似生活充实,但实际上什么事情都没有做好,特别是学习受到了很大影响。小马应当结合自身的兴趣、优势和日常学习安排等,规划自己需要参与的校园活动。

思考与探究

1. 什么是心理健康及心理问题?
2. 如何诊断一般心理问题和严重心理问题?
3. 学生容易产生的心理问题有哪些?具体表现是什么?
4. 如何积极进行心理调适?

话题二　常见心理障碍

情景导入

《2023年度中国精神心理健康》蓝皮书数据显示,随着生活和工作节奏加快,社会竞争急速加剧,国民心理压力大大增加,群众心理健康问题凸显。我国成人抑郁风险检出率为10.6%,焦虑风险检出率为15.8%,仅有36%的国民认为自己心理健康状态良好,在自我评估为"较差"的人群中,抑郁风险检出率高达45.1%。

其中,作为全社会关注重点的学生群体,面临着学业、就业等压力的增大,心理健康问题日益突出,且呈现低龄化趋势。报告显示,高中生抑郁检出率为40%,初中生抑郁检出率为30%,小学生的抑郁检出率为10%。

青少年儿童心理疾病多发是受个人、家庭、学校及社会环境等多因素共同影响的。由于青少年儿童正处在自我意识逐渐加强的时期,他们一方面要求独立自主,另一方面又不善于用理智控制自己的情绪,极易形成狭隘的意识和不良的心态。

知识讲解

一、心理障碍及相关概念

广义的心理障碍就是心理异常,是心理状态病理性变化,属于心理病理学的范畴。心理障碍具有明显的持久性和特异性,与一定的情境无必然的联系。心理障碍并非必然由一定的情境直接诱发,但在一定的情景下可以加重。心理障碍通常由严重的脑功能失调或脑器质性病变引起,但也是一般心理问题积累、迁延、演变的表现和结果。

心理障碍往往以心理症状和心理疾病两种形式表现出来。其中,心理疾病是多种心理障碍以心理症状的形式,集中和突出地符合某种疾病的诊断标准的表现。在心理疾病中,多种心理障碍是作为"症状群"出现的,即心理疾病是多种心理障碍集中或综合的表现。

在临床中,大多数心理疾病以"障碍"命名,如认知障碍、情绪障碍和行为障碍。也有以"症"命名的,如癔症、神经症、精神症等。

二、常见心理障碍及症状

(一) 感知相关障碍

1. 感觉相关障碍

(1) 感觉障碍。感觉障碍是由于病理性或功能性感觉阈限降低而对外界低强度刺激的过强反应。此症状多见于神经症或感染后处于虚弱状态的患者。

(2) 感觉减退。感觉减退是由于病理性或功能性阈限增高而对外界刺激感受迟钝的感知障碍。此症状多见于抑郁状态、木僵状态和意识障碍患者,神经系统器质性疾病也常有感觉减退。

(3) 内感性不适。内感性不适是指躯体内部性质不明确、部位不具体的不舒适感,或难以忍受的异常感觉。多见于精神分裂症、抑郁状态、神经症和脑外伤综合征。

2. 知觉相关障碍

(1) 错觉。错觉是对客观事物歪曲的知觉。正常人偶有错觉发生,但经现实验证后,可加以纠正。精神疾病患者的错觉不能接受现实检验,在意识障碍的谵妄状态时,错觉常带有恐怖性质。

(2) 幻觉。幻觉是无对象性的知觉。感知到的形象不是由客观事物引起的。幻觉是一种很重要的精神病性症状。

3. 感知障碍

感知障碍是指患者在感知客观事物的个别属性(如大小、长短、远近)时产生变形。该症状分为"视物显大症"和"视物显小症",二者统称为视物变形症。有一种感知综合障碍称为"非真实感"。患者觉得周围事物像布景,宛如"水中月、镜中花",人物像是油画中的肖像,没有生机。"非真实感"可见于抑郁症、神经症和精神分裂症。

另外,还有一种感知综合障碍,患者认为自己的容貌或身材发生了变化,而在一日之内多次窥镜,故称为"窥镜症"。可见于精神分裂症和器质性精神障碍。

(二)思维障碍

思维障碍的临床表现多种多样,人们大体上将其分为思维形式障碍和思维内容障碍两部分。

1. 思维形式障碍

思维形式障碍包括联想障碍和思维逻辑障碍,常见的症状有以下几种。

(1) 思维奔逸。思维奔逸是一种兴奋性的思维联想障碍,主要指思维活动量的增加和思维联想速度的加快。患者自诉脑子反应灵敏(脑子转得快),表现为语量多、语速快、口若悬河、滔滔不绝、词汇丰富、诙谐幽默。多见于躁狂状态或情绪性精神障碍躁狂发作。

(2) 思维迟缓。思维迟缓是一种抑制性的思维联想障碍,与上述思维奔逸相反,思维迟缓以思维活动显著缓慢、联想困难、思考问题吃力、反应迟钝为主要临床表现。患者语量少、语速慢、语音低沉、反应迟缓。

(3) 思维贫乏。思维贫乏的患者思想内容空虚,概念和词汇贫乏,对一般性询问往往无明确的应答性反应或回答得非常简单,但是回答时语速并不减慢,这是用于鉴别思维贫乏和思维迟缓精神症状的一个重要特征。

(4) 思维松弛或思维散漫。思维松弛或思维散漫的患者的思维活动表现为联想松弛、内容散漫。在交谈中,患者对问题的叙述不够中肯,也很不切题,给人的感觉是"答非所问",此时,与其交谈有一种十分困难的感觉。

(5) 破裂性思维。破裂性思维的患者在意识清醒的情况下,思维联想过程破裂,谈话内容缺乏意义上的连贯性和应有的逻辑性。患者在言谈或书信中,其单独语句在语法结构上是正确的,但主题之间、语句之间却缺乏内在意义上的连贯性和应有的逻辑性,因此旁人无法理解其要表达的意义。

严重的破裂性思维患者,在意识清楚的情况下,不但主题之间、语句之间缺乏内在意义上的连贯性和应有的逻辑性,而且在个别词句之间也缺乏应有的连贯性和逻辑性,言语更加支离破碎,语句片段毫无主题可言,宛如语词杂拌。

除上述表现外,思维障碍还表现为思维不连贯、思维中断、思维插入和思维被夺、思维云集、病理性赘述、逻辑倒错等。

2. 思维内容障碍

(1) 妄想。妄想是一种脱离现实的病理性思维,特点如下。

① 以毫无根据的设想为前提进行推理,违背思维逻辑,得出不符合实际的结论。

② 对这种不符合实际的结论坚信不疑,不能通过摆事实讲道理、进行知识教育及自己的亲身经历来纠正。

③ 具有自我卷入性,以自己为参照物。

(2) 强迫观念。强迫观念又称强迫性思维,是指某一种观念或概念反复出现在患者的脑海中。患者自己知道这种想法是不必要的,甚至是荒谬的,并力图加以摆脱。但事实上常常违背患者的意愿,想摆脱又摆脱不了,患者为此而苦恼。

(3) 超价观念。超价观念是一种在意识中占主导地位的错误观念,常见于人格障碍和心因性精神障碍患者。它的发生虽然常常有一定的事实基础,但是患者的这种观念是片面的,与实际情况有出入。只是由于患者的这种观念带有强烈的感情色彩,因而患者才坚持这种观念不能自拔,并且明显地影响到患者的行为。

(三) 注意相关障碍

1. 注意障碍

临床上常见的注意障碍有注意减弱和注意狭窄。

(1) 注意减弱。注意减弱是指患者主动注意和被动注意的兴奋减弱,以致容易疲劳,注意力不易集中,从而记忆力也受到不好的影响。此症状多见于神经衰弱症状群、器质性精神障碍及意识障碍。

(2) 注意狭窄。注意狭窄是指患者的注意范围显著缩小,主动注意减弱,当注意集中于某一事物时,不能再注意与之有关的其他事物。此症状见于有意识障碍时,也可见于激情状态、专注状态和智能障碍患者。

2. 记忆障碍

(1) 记忆增强。记忆增强是一种病理的记忆增强,表现为病前不相干并且不重要的事情都可以回忆起来。此症状多见于情绪性精神障碍躁狂发作或抑郁发作,也可见于偏执状态。

(2) 记忆减退。记忆减退在临床上较为多见,可以表现为远记忆力减退和近记忆力减退。脑器质性损害者最早出现的是近记忆力减退,患者记不住最近几天,甚至当天的进食情况,或记不住近几天谁曾前来看望等。病情严重后远记忆力也会发生减退,如回忆不起本人经历等。此症状主要见于脑器质性精神障碍。

(3) 遗忘。遗忘是指对局限于某一时期内的经历不能回忆。顺行性遗忘指患者不能回忆疾病发生以后一段时间内所经历的事情。例如,脑震荡、脑挫伤患者回忆不起受伤后到意识清晰前这一段时间内所发生的事情。

(4) 错构。错构是记忆的错误,指对曾经经历的事情,在发生的时间、地点、情节上出现错误记忆,并坚信不疑。此症状多见于脑器质性疾病。

(5) 虚构。虚构是指患者在回忆中,把过去事实上从未发生过的事情,说成确有其事。患者以这样一段虚构的事实来弥补他所遗忘的那一段事实的经历。

3. 智能障碍

智能包括注意力、记忆力、分析综合能力、理解力、判断力、一般知识的保持和计算力等。总之,智能是一个复杂的综合的精神活动。临床上将智能障碍分为精神发育迟滞和痴呆两大部分。

(1) 精神发育迟滞。精神发育迟滞是指先天或围生期或在生长发育成熟前,由于多种致病因素的影响,使大脑发育不良或发育受阻,以致智能发育停留在某一阶段,不能随着年龄的增长而增长,其智能明显低于正常的同龄人。导致精神发育迟滞的致病因素有遗传、感染、中毒、头部外伤、内分泌异常或缺氧等。

(2) 痴呆。痴呆是一种综合征(症候群),是指意识清醒情况下后天获得的记忆、智能明显受损。痴呆的主要临床表现为分析能力、判断推理能力的下降,记忆力、计算力下降,后天获得的知识丧失,工作和学习能力下降或丧失,甚至生活不能自理等,并伴有精神和行为异常。

(四) 自知力障碍

自知力是指患者对其自身精神病态的认识和批判能力。神经症患者通常能认识到自己的不适,主动叙述自己的病情,要求治疗,医学上称为自知力完整。精神障碍患者随着病情的进展,往往丧失了对精神病态的认识和批判能力,否认自己有精神障碍,甚至拒绝治疗,对此,医学上称为自知力完全丧失或无自知力。随着病情在治疗过程中的好转、显著好转或痊愈,患者的自知力也会逐渐恢复,由自知力部分恢复到完全恢复。由此可知,自知力是精神科用来判断患者是否有精神障碍、精神障碍的严重程度及治疗效果的重要指征之一。

(五) 情绪障碍

情绪障碍分为以程度变化为主的情绪障碍和以性质改变为主的情绪障碍。以程度变化为主的情绪障碍通常表现为情绪高涨、情绪低落、焦虑、恐怖等情绪异常。以性质改变为主的情绪障碍主要表现为情绪迟钝、情绪淡漠、情绪倒错等。情绪倒错的患者的情绪反应与现实刺激的性质不相称。例如,遇到悲哀的事情却表现得欢乐,遇到高兴的事情反而痛哭,或是患者的情绪反应与思维内容不协调。

三、学生常见心理障碍

(一) 焦虑症

焦虑症是一种常见的神经症,是由于预期即将面临不良处境而产生的紧张、焦急、忧虑、担心和恐惧等复杂的情绪反应。在一定程度上的焦虑能使人在危险的处境中保持适当的警觉。不同的人对外界事物的反应不同,如有的学生喜欢在大众面前演讲,而有的则非常畏惧。当一个人在不该产生焦虑的时候出现焦虑,并且焦虑很严重,持续时间很长,影响到日常生活时,这种焦虑就是一种疾病了。

（二）抑郁症

抑郁症是由各种原因引起的以抑郁为主要症状的一组心境障碍或情感性障碍，是一组以抑郁心境自我体验为中心的临床症状群或状态，是以抑郁性情感为突出表现，同时又带有神经性症状的心理疾病。抑郁症的表现为情绪低落、兴趣减退、思维迟缓、对前途悲观失望、自我感觉差、不爱运动等，但没有达到绝望的程度，虽有想死的念头，若不受重大刺激一般不会付诸行动，生活也能够自理；患者知道自己有病，有主动求治的愿望，而且病程一般较长。

（三）强迫症

强迫症是指患者在主观上感到某些不可抗拒和被迫无奈的观念、情绪、意向或行为的存在。患有强迫症的人，明知某种行为或观念不合理，但却无法摆脱，因而非常痛苦。这种症状大多是由强烈而持久的精神因素及情绪体验诱发而来的，与患者以往的生活经历、精神创伤或幼年时期的遭遇有一定的联系。学生患强迫症多与其性格缺陷有关，症状包括缺乏自信、遇事过分谨慎、生活习惯呆板、墨守成规、常怕出现不幸、活动能力差、主动性不足等。

（四）恐惧症

恐惧症是指患者对某一特定的物体、活动或处境产生持续的、不必要的恐惧，而不得不采取回避行为的一种神经症。

正常人对真实的威胁会产生恐惧，但是患恐惧症的人常常会对一些常人看来并不恐惧的物体、活动产生强烈的恐惧感，即使认识到这种恐惧是过分的和不必要的，也无法克制，其恐惧程度和引发恐惧的情境是不相称的。恐惧症通常分为三种类型。

（1）广场恐惧症。广场恐惧症即恐惧对象主要是某些特定环境，如广场、高处、拥挤的场所、电梯等。

（2）社交恐惧症。社交恐惧症表现为对需要讲话或被人观看的情境产生强烈的焦虑反应，并有回避行为。

（3）物体恐惧症。物体恐惧症即恐惧对象主要是某些特定的物体或情境，如害怕接近特定的动物，害怕高处、雷鸣、黑暗等。

（五）妄想症

妄想症是对自己的品质和才能给予过高的估计而产生的一种虚狂的心理状态。它具体表现为狂妄和自大、自以为是、任性逞能、头脑发热、忘乎所以、目中无人；自我评价过高，事事以"我"为中心，极度想要表现自己；常常无休止地陈述自己的见解，听不进别人的意见，即使在事实非常明显的情况下，也要强词夺理或推诿于客观原因等。造成妄想症的原因是多方面的，一是家庭过分溺爱、娇惯，导致部分学生长期习惯于支配别人、命令别人，而不懂得与别人合作；二是个人天分较高，学习成绩突出，在同学中有一种"众星捧月"的感觉；三是年轻人具有较强的自尊心和好胜心，容易造成他们固执己见、争强好胜。由于这类学生在心理上过分自信，总认为自己的本领高人一筹，自己的见解优于别人，因而严重影响他们的发展，阻碍着他们接受新的教育。

(六)精神分裂症

精神分裂症是以基本人格改变,思维、情感、行为相分裂,精神活动和周围环境不协调为主要特征的一类功能性精神病,是一种常见的精神病,发病率居精神病首位。

精神分裂症的主要表现是精神活动"分裂",即患者行为与现实分离,思维过程与情感过程分离,行为、情感、思维具有非现实性,不能协调、难以理解。具体表现如下。

（1）情感方面:患者对现实的兴趣减少,甚至对切身之事也漠不关心,对某些无关紧要的事反倒特别关心,情绪反复无常,无论喜怒都与现实环境不相称,如生气时大笑等。

（2）思维方面:思维破裂,思维活动无逻辑性,经常想入非非,不着边际,语言散漫凌乱,对问题的见解轻重倒置,易接受消极的暗示。

（3）行为方面:出现动作障碍,越来越不合群,尤其倾向于躲避同龄人,常与老人、小孩为伍。精神分裂症发病者多为青壮年,其病因和发病机理尚不清楚,通常认为与人体的特征、遗传、母体内的损伤、年龄、素质、环境等因素有关。患者发病前的性格常常表现为敏感、多疑、幻想、消极、胆小等。家庭出现危机、恋爱失败、学习成绩下降等刺激因素也可能成为发病的原因。精神分裂症患者需到精神专科医院进行专门的治疗,一般以药物治疗为主,辅以心理治疗。

(七)重度抑郁症

重度抑郁症是一种较严重的心理障碍,主要表现为悲伤、绝望、孤独、自卑、自责等,重度抑郁症患者往往把外界的一切都看成"灰色"的。有的学生对枯燥的专业学习不感兴趣,对刻板的生活方式感到厌烦,因自己学习或社交的不成功而灰心丧气,导致其陷入抑郁悲观状态。长期的抑郁状态会导致思维迟钝、失眠、体力衰退等,对身体危害很大。

重度抑郁症患者由于情绪低落、悲观厌世,在病情严重时很容易产生自杀的念头,且由于患者思维逻辑基本正常,实施自杀的成功率也较高。自杀是抑郁症最危险的症状之一。据研究,抑郁症患者的自杀率比一般人群高20倍。社会自杀人群中可能有一半以上是抑郁症患者。有些不明原因的自杀者可能生前已患有严重的抑郁症,只不过未被及时发现。如果学生出现以上的部分症状,则要对其给予高度关注,送到精神专科医院进行诊断。如果学生被确诊为重度抑郁症,需要休学进行专业的治疗。

(八)偏执型精神病

偏执型精神病又称妄想症精神病,是精神病常见的类型。患者易产生持久的妄想,妄想的内容多为迫害、嫉妒、夸大,无其他异常,人格基本完整。

偏执型精神病症状以妄想为主,其中关系妄想和被害妄想最为常见;其次为夸大、自罪、钟情和嫉妒妄想等。妄想可单独存在,也可伴有以幻听为主的幻觉。患者情感障碍表面上不明显,智力通常不受影响,注意力和意志力还可能会增强,尤以有被害妄想者为甚,其往往表现为警惕、多疑且敏感。在幻觉妄想影响下,患者在开始时往往保持沉默,以冷静的眼光观察周围动静,以后疑惑心情逐渐加重,发生积极的反抗,如反复向有关单位控诉或请求保护,严重时甚至发生伤人或自杀行为,因而此型患者容易引起社会治安问题。偏执型精神病患者病程经过缓慢,发病数年后,在相当长的时期内工作能力尚能保持,人格变化轻微。由于该病的相应症状早期不易被发现,以致诊断困难。

典型案例

正确面对考试焦虑

小王,女,某职业院校一年级新生,中考前夕的高度紧张导致其出现持续性焦虑心理,从而导致她在面对各种类型考试时都会出现考前焦虑心理,具体表现为每次考试前都会出现心慌、失眠、焦虑、疲倦等症状,还常伴有身体不适等异常症状,严重影响了她的学习成绩和心理健康。她非常担心这些症状会阻碍学业进步,进而影响毕业、就业等事关自身重大利益的事情,每每想到这些,她又会出现心慌等症状。

案例分析:

职业院校新生入学后,由于对考试成绩不满意、生活环境不习惯、学习方式不适应、第一次离开父母独立生活等原因,很多学生容易产生焦虑的情绪,尤其是曾经患有焦虑症心理障碍的学生,这一状况会更加突出。

针对该生的情况,可以采用理性情绪疗法等进行疏导,从而缓解焦虑问题。

思考与探究

1. 心理障碍的具体含义是什么?
2. 常见的心理障碍分为哪几种?
3. 学生常见的心理障碍有哪些?

话题三　心理危机干预

情景导入

随着社会发展和家庭环境的变化,青少年面临着诸多挑战和压力,例如竞争压力、家庭关系、人际关系问题、学习压力等,这些问题往往会导致职业院校学生心理危机的出现。

在2024年3月召开的十四届全国人大二次会议上,全国政协委员、广州市工商联副主席、香江集团董事长翟美卿提出建立并完善中小学校园心理危机干预的规范化流程和长效机制的建议。她提议,在遵循预防性及时效性基本原则的前提下,全国统一制定校园心理危机干预工作机制、管理办法和支援制度。以此为基础,可以制定校园心理危机干预全流程处理程序,将心理危机干预纳入学校年度演练计划。2024年2月,教育部召开的相关会议也提出,要建立全国学生心理健康监测与预警一体化系统,建设心理健康危机干预专业队伍,进一步筑牢学生心理健康"防火墙"。

知识讲解

一、心理危机概述

(一)心理危机与心理危机干预

1. 心理危机

心理危机是指人在面临自然、社会或个人的重大事件时,由于无法通过自己的力量控制和正确调节自己的感知与体验,所出现的情绪与行为的严重失调状态。

这种严重的心理失衡状态导致学生的冲突性行为常表现为自杀、肢体自残、暴力攻击、离家出走,以及吸毒、酗酒、性行为错乱等。

2. 心理危机干预

心理危机干预又称危机介入或危机调解,是指针对处于心理危机状态的个人给予恰当的心理援助,帮助其处理迫在眉睫的问题,使其尽快摆脱困难、恢复心理平衡、安全度过危机。

(二)心理危机的反应与表现

1. 心理危机发生时通常的反应

当危机发生时,人通常会在情感、生理、认知、行为和人际关系方面,表现出焦虑、震惊、担忧、沮丧等反应。

情感反应:悲伤、无助、害怕、畏惧、麻木、愤怒。

生理反应:失眠、食欲不振、头痛、眩晕、心跳加快。

认知反应:做什么都是徒然的,没有办法解决问题,否定事件,迁怒他人。

行为表现:整日无精打采;坐立不安,不停地吸烟、饮酒;眼神呆滞,听觉迟钝,精力无法集中,无法上课;恐吓他人;做出自伤行为。

人际关系:不愿与人交谈或见面;交谈时无法集中注意力,与朋友见面减少;人际关系恶劣,孤立自己,不能与人建立信任的关系。

2. 易产生心理危机的学生

(1)遭遇突发事件而出现心理或行为异常的学生,如家庭发生重大变故、受到突发的自然或社会意外刺激的学生。

(2)患有严重心理疾病的学生,如患有抑郁症、恐惧症、强迫症、癔症、焦虑症、精神分裂症、情感性精神病等疾病的学生。

(3)身体患有严重疾病、治疗周期长、自身感到痛苦的学生。

(4) 有自杀未遂史或家族中有自杀者的学生。

(5) 因学习压力过大、学习成绩差而出现心理、行为异常的学生。

(6) 人际关系失调后出现心理或行为异常的学生。

(7) 个人情感受挫后出现心理或行为异常的学生。

(8) 性格过于内向、孤僻、缺乏社会支持的学生。

(9) 家庭经济困难、无助,导致自卑的学生。

二、心理危机的干预

(一) 学校心理危机干预系统

1. 建立发现体系

(1) 建立普查制度:选择科学有效的心理测评工具,开展心理素质普查,建立心理档案并进行有针对性的干预和跟踪控制。

(2) 建立排查制度:每学期对重点学生进行排查,了解个别学生的学习、生活、情绪、行为等状况。

(3) 跟进访谈制度:访谈包括间接访谈和直接访谈。教师要经常直接走访那些因学习、生活、情感等原因导致情绪波动大、行为反常的学生,深入学生宿舍,了解学生真实生活状态。主动与心理危机学生预约并进行交谈。当发生情况时,要建立快速反应制度,对有危机或潜在危机的学生做到及时发现和有效干预。学校和家长要建立密切的联系,及时掌握和发现学生的心理状态和目前承受压力的状况。

2. 建立完善的监控体系

主动收集和掌握陷入心理危机学生的变化信息,做好监控防范工作。设立专门心理负责人关注一些敏感人群的心理变化。对心理普查中可能存在有严重心理困扰的学生进行心理访谈、评估鉴别、咨询和跟踪。

3. 建立完善的干预体系

危机干预的时间一般在危机发生后的数个小时、数天或数星期,干预的最佳时间一般在事件发生的 24~72 小时。一旦发现有自杀倾向或企图实施自杀行为的学生,应立即启动危机干预措施,对其实行 24 小时有效监护,确保学生生命安全。同时,立即通知学生家长到校或由学生家长委托的人员到校,共同采取监护措施。对自杀未遂的学生,应立即由教师陪同送到专业精神卫生机构进行救治和安抚。

4. 建立转介体系

在学校的统一领导下,建立学校、心理咨询中心、医院、校外专业精神卫生机构的联络和协作关系。若发现学生已患有严重的心理障碍疾病,经心理咨询中心初步诊断,发现不适宜咨询而需要心理治疗者或住院治疗者,则及时转介到校医院,由校医院转院做进一步诊断或转到校外专业精神卫生医院,然后采取有效的干预与治疗措施。

5. 建立危机事件善后处理体系

善后处理不仅有利于当事人及其周围人员的情绪稳定,而且有利于危机事件的修复和处理。

(二)学生自杀的心理危机干预

1. 自杀者的特点

认知方面:自杀者一般易走极端,看不到解决问题的其他途径,在挫折和困难面前不能对自身和周围环境做出客观评价;对困难常不能正确地估计,对人、对事、对己、对社会均倾向于从阴暗面看问题,心存偏见和敌意,从思想和感情上把自己与社会隔离。

情绪方面:自杀者大多性格内向、孤僻、以自我为中心,难以与他人建立正常的人际关系。当学生缺乏家庭的温暖和爱护,缺乏朋友、师长的支持与鼓励时,常常感到无助,导致其最后变得越来越孤僻,进入自我封闭的小圈子,失去自我价值感。

行为方面:青少年的自杀意念常常在很短的时间内形成,因情绪激动而导致冲动行为,一想到死马上就采取行动。他们对自己面临的危机状态缺乏冷静的分析和理智的思考,往往认定没办法了,只有死路一条,思想变得极其狭隘。

死亡概念模糊:企图自杀的青少年对死亡的概念比较模糊,部分甚至认为死是可逆的、暂时的,对自杀的后果没有充分估计。

2. 自杀前的征兆

自杀前的征兆主要体现在言语上,如直接向人说"我想死""我不想活了",或间接向人说"我所有的问题马上就要结束了""现在没有人可以帮助我""没有我,他们会过得更好""我再也受不了了""我的生活毫无意义"等表达厌世的话,或和别人谈论与自杀有关的事、开自杀方面的玩笑以及谈论自杀计划(包括自杀方法、日期和地点)等。有的人会流露出无助或无望的心情或突然与亲朋告别。

3. 易引发学生自杀的事件

易引发学生自杀的事件主要如下:家庭发生变故,与朋友、同学绝交,自己敬爱的人或对自己有重要意义的人死亡,恋爱关系破裂,与他人产生纷争,发生违法事件或发生事故,受到同学排斥、孤立,受人欺负或迫害,学习成绩不理想或考试不及格,在考试期间受到过多压力,就业问题,堕胎引发的问题,患艾滋病或其他传播性疾病,患重病无法治愈,受到自然灾害的伤害。

4. 如何帮助有自杀倾向的人

据"关爱生命万里行"活动小组《预防自杀手册》资料显示:在帮助有心理危机或自杀倾向者时,需注意以下16项要点。

(1)事先应知道他们可能会拒绝你要提供的帮助。有心理危机的人有时会因他们无法处理自己的问题而加以否认。不要认为他们的拒绝是针对你本人。

(2)向他们表达你的关心。询问他们目前面临的困难及困难给他们带来的影响。鼓励他们与你或其他值得信任的人谈心。

（3）多倾听，少说话。给他们一定的时间说出内心的感受和担忧。不要劝告，也不要感到有责任找出一些解决办法。

（4）要有耐心。不要因他们不能很容易与你交谈就轻言放弃。允许谈话中出现沉默，有时重要的信息在沉默之后出现。

（5）不要担心他们会出现强烈的情感反应。情感爆发或哭泣会利于他们的情感得到释放。要保持冷静。要接纳，不做评判。不要试图说服他们改变自己内心的感受。

（6）对他们说实话。如果他们的话或行为吓着你了，直接告诉他们。如果你感到担忧或不知道该做些什么，也直接向他们说。不要假装没事或假装愉快。

（7）询问他们是否有自杀的想法。不要害怕询问他们是否考虑自杀，这样不会使他们自杀，反而会挽救他们的生命。可以问："你是否有过很痛苦的时候，以致令你有想结束自己生命的想法？""有时候一个人经历非常困难的事情时，会有结束生命的想法。你有那种感觉吗？""从你的谈话中我有一种疑惑，不知道你是否有自杀的想法。"不要这样问："你没有自杀的想法，是吧？"

（8）相信他们所说的话。任何自杀迹象均应认真对待，不论他们用什么方式流露。

（9）不要答应对他们的自杀想法给予保密。

（10）如有自杀的风险，要尽量取得他人的帮助，以便与你共同承担帮助他们的责任。

（11）让他们相信别人是可以给予他们帮助的，并鼓励他们寻求他人的帮助和支持。如果你认为他们需要精神科专业的帮助，就可以向他们提供转介信息。

（12）如果他们对寻求精神科恐惧或担忧，应花时间倾听他们的担心，告诉他们大多数处于这种情况的人都需要专业帮助，解释你建议他们见专业人员不是因为你对他们的事情不关心。

（13）如果你认为他即刻自杀的危险性很高，要立即采取措施：不要让他独处；去除自杀的危险物品，或将他转移至安全的地方；陪他去精神心理卫生机构寻求专业人员的帮助。

（14）如果自杀行为已经发生，立即将其送往就近的急诊室。

（15）给予希望。让他们知道面临的困境能够有所改变。

（16）在结束谈话时，要鼓励他们再次与你讨论相关的问题，并且要让他们知道你愿意继续帮助他们。

典型案例

一则典型的心理危机干预案例

求助者小明，19岁，某职业院校在读学生，由班主任介绍来到学校心理咨询中心接受心理咨询。咨询师提前从班主任处了解到，小明情绪很不稳定，咨询前一天晚上多次跟寝室同学说自己很难受，不想活了。咨询时，咨询师观察到，小明始终避免和咨询师进行目光接触和交流，身体动作极少，面部表情冷漠，说话语气平缓，没有生气。咨询师经咨询了解到，小明的家庭发生了重大变故，父母正在闹离婚，小明多次请求父母不要分开，均没有被理会，导致他情绪极度低落,感到绝望。

案例分析:

针对该案例,可以使用心理危机干预六步法进行介入。

危机干预是一种特殊的心理咨询过程,心理咨询的基本技术包括倾听、共情、提问、情感反应等。心理危机干预的基本思路是:咨询师保持倾听和关注,为求助者提供心理支持;提供疏泄机会,鼓励求助者表达内心情感;咨询师解释求助者的目前处境,使求助者看到希望,建立自信;咨询师指导求助者调用各种资源,有效应对危机。

1. 确定问题

一般性心理咨询的开始阶段,咨询师需要保持一份好奇心,即要主动探究是什么原因使求助者此时此刻来到咨询室。心理危机干预的开始,咨询师同样需要从求助者角度,确定和理解求助者本人所认识的问题,了解求助者目前的心理处境。

2. 保证求助者安全

生命第一是心理危机干预遵守的首要原则。在危机干预过程中,咨询师要始终高度关注求助者的安全,把求助者的生理、心理危险性降到最低。为此,咨询师确定求助者面临的主要问题后,要对求助者的自残、自杀或伤害他人的冲动加以评估,必要时可采取措施确保求助者的安全。

3. 给予支持

给予支持环节主要强调咨询师要通过与求助者进行沟通与交流,建立良好的咨访关系,使求助者感到咨询师是完全可以信任并且能够给予其关心和帮助的人。通过倾听和交流,咨询师和求助者逐渐建立并加深了信任的咨访关系,使其感到有一个人是真正关心并且愿意去理解自己的,而这种体验是其在平时生活中很难经历到的。

4. 提出并验证变通的应对方式

处在心理危机中的个体思维狭窄,看不到每一个问题其实都有许多种应对的方式。咨询师应让求助者知道还有许多变通的应对方式可供选择,其中有些选择比目前自己已知的更合适。

5. 制订计划

在制订计划环节,咨询师要和求助者共同制定行动步骤,来矫正求助者情绪失衡的状态。在本案例中,求助者进行专业的诊治需要有家长的支持和配合。在和求助者协商后,校方通过班主任联系到家长,咨询师与家长沟通了求助者目前的处境和接下来的安排,得到家长的积极配合。

6. 得到保证

得到保证是指让求助者复述所制订的计划,并从求助者那里得到会明确按计划行事的保证。这个环节较为简单,在本案例中求助者向咨询师保证不会再轻言自杀,并跟随家长到心理医院进行诊治。

思考与探究

1. 什么是心理危机及心理危机干预？
2. 如何建立心理危机干预系统？
3. 如何帮助有自杀倾向的人？

模块三

校园安全

校园安全是全社会安全工作的重要组成部分，直接关系到青少年学生能否安全、健康地成长，关系到千万个家庭的幸福安宁以及社会的稳定发展。因此，校园安全教育必须受到重视，营造和谐安全的校园环境需要学校和社会各界的共同努力。

为加强中小学校、幼儿园消防安全管理，教育部、国家消防救援局研究制定了《中小学校、幼儿园消防安全十项规定》，并于2024年3月5日印发。2023年2月，教育部办公厅下发了《高等学校实验室安全规范》。另外，教育部办公厅已连续多年开展教育系统"安全生产月""安全生产万里行"等活动，并于2020年开展"安全专项整治三年行动"活动。2019年6月，教育部、最高人民法院、最高人民检察院、公安部、司法部五部门为贯彻落实全国教育大会精神，完善学校安全事故预防与处理机制，联合提出了关于完善安全事故处理机制维护学校教育教学秩序的意见。除此之外，在大中小学校园安全方面，还有很多相关文件及管理意见，这充分说明了上级部门对推动各类学校树牢安全发展理念以及坚决守住教育系统安全底线的决心和毅力。

校园安全涉及诸多方面，本模块从校园安全常识、触电事故预防与应对、火灾事故预防与应对、踩踏事故预防与应对、危险化学品事故预防与应对等方面入手，具体介绍不同校园场景下的安全防范要点，引导学生提高安全意识，提升防范能力，在危险来临时能够做到从容应对，为自身健康安全成长筑牢第一道防线。

话题一　校园安全常识

情景导入

小林被一所职业学校录取了,他对即将开始的新学期充满了期待,在这所校园中,他将第一次离开父母,开启住校新体验。另外,小林计划在学习之余,培养自己的其他爱好,例如通过努力加入校足球队和篮球队,提升自己运动能力的同时也可以结交新朋友。但是他对集体生活还不熟悉,在宿舍生活以及各类体育运动的过程中,也有可能遇到危险并受到伤害,他该从哪些方面避免受伤呢?

知识讲解

一、宿舍安全的注意事项

为保证自身和他人的安全,学生在日常宿舍生活中,应努力做到以下几点。

(1) 入住时检查宿舍各项设施是否完好。若有损坏,应及时向宿舍管理员反映,以便调换、修缮。

(2) 入住后爱护宿舍内各项设施。住宿期间若需要维修或更换相关设备,需到宿舍管理员处登记,由专门人员处置,切勿自己动手。

(3) 严禁使用有安全隐患的物品。不得乱拉电线、网线,使用明火和大功率电器设备,不得私藏易燃易爆等危险物品。一旦发现,立即报告,防患于未然。

(4) 不做和学习生活无关的事。例如,不在宿舍内吸烟、酗酒、打牌、打闹,更不能聚众违规,一经发现,将被严肃处理。

(5) 加强人身安全防范意识。出入宿舍及时锁门,不带闲杂人等进入宿舍,同时不在宿舍饲养宠物,以防造成损失和伤害。

(6) 注重健康情况监测。宿舍内若发现同学发热,或多名同学同时出现相同病症,一定要提高警惕,立即向老师或宿舍管理员报告。

二、体育运动安全的注意事项

学生在参加体育运动时,要尽量做到以下几点,提升运动风险防范能力,避免体育运动安全事故的发生。

(1) 充分了解自己的身体状况。进行体育运动时应根据自己的年龄、性别、生理特点、体质强弱、是否患有疾病等具体情况,来选择合适的锻炼内容。

(2) 合理控制运动负荷。应根据自身的体能状况选择合理的强度进行运动,锻炼时可以采用靶心率等方法来监控锻炼的强度,待体能水平提高之后再逐步增加强度。

(3) 切忌动作粗野或违反原则。在体育运动中一定要注意动作的规范性,掌握动作要领,并高度集中注意力,不得将动作随意夸大变形;运动时一旦摔伤,要遵循一定的急救原则,不要着急起身,不要随意搬动受伤学生,要等待校医或老师来处理。

(4) 选择安全的运动场所。进行锻炼时,应选择地面平整、范围开阔、干净整洁的环境,以免在狭小的空间发生碰撞等事故;还应避免在恶劣的气候条件下进行户外体育活动,以防因天气原因造成不必要的伤害。

(5) 其他注意事项。运动前要摘下饰品,换上宽松的运动服和胶底运动鞋,并佩戴相应的护具;运动后不能立即饮用冰水,可以先饮用一些常温淡盐水;运动后还要及时擦干汗水,穿好衣服,防止感冒。

三、常见肢体损伤的处理

学生须掌握以下运动损伤的处理方法,一旦发生损伤,就可以及时、正确地处理,将伤害降到最低。

(1) 擦伤:小面积擦伤用碘伏涂抹伤口即可;大面积擦伤首先用生理盐水清洗伤口,其次涂抹碘伏进行消毒,然后用消毒布覆盖,最后用纱布包扎,最大限度降低伤口感染的风险。

(2) 撕裂伤:轻度开放伤用碘伏涂抹伤口即可;出现大裂口时需止血和缝合,必要时注射破伤风抗毒素,以防破伤风;若肌腱断裂,则需手术缝合。

(3) 挫伤:因器械撞击或相互碰撞而造成的挫伤,需在24小时内冷敷或加压包扎,并抬高患肢,待24小时后方可进行按摩或理疗,进入恢复期后才能进行功能性锻炼;如果怀疑有内脏损伤,做临时性处理后,应立即将患者送去医院检查和治疗。

(4) 肌肉拉伤:肌肉在外力作用(直接或间接)下过度主动收缩或被动拉长而引起的损伤。轻者的处置可参照挫伤的应对,如冷敷、加压包扎等;如果肌肉已大部分或完全断裂,疼痛明显,则应在加压包扎后,立即送至医院,接受专业的手术治疗。

(5) 肩关节扭伤:常见的肩关节扭伤的原因包括关节用力过猛、反复劳损、违反解剖学原理的动作等。韧带扭伤时,可参照挫伤的相关处理步骤;韧带断裂时,应立即送往医院进行固定和缝合处理;当肩关节肿胀和疼痛减轻后,可适当进行功能性锻炼,但不宜过早活动,以防转入慢性病症。

(6) 髌骨劳损:由膝关节长期负担过重或反复损伤累积而成,或由篮球、跳高、跳远运动时外力直接撞击(如滑步急停、踏跳不合理等)而导致的髌骨劳损,可以采用中药外敷、针灸、按摩等方式缓解。

(7) 踝关节损伤:运动中跳起落地时失去平衡,踝关节内翻或外翻过度,都可能造成踝关节的损伤。踝关节受伤后,应立即冷敷,用绷带固定包扎(严重者可用石膏固定),并抬高患肢;必要时需进行封闭治疗,待病情好转后才可进行功能性恢复练习。

(8)急性腰伤:运动时,身体重心不稳或肌肉收缩不协调都会造成腰部扭伤。腰部急性扭伤后需要平卧,切忌立即移动。如果疼痛剧烈,则需用担架抬送医院诊治。处理后,应卧硬板床或在腰后垫一枕头,使肌肉和韧带处于放松状态,同时伴以针灸、外敷、按摩等方式辅助治疗。

四、如何快速寻求帮助

当受伤严重,需要寻求专业帮助时,应当按照下面的原则和方法尽快拨打120急救电话。

(1)保持冷静。也许需要急救的是你的老师、同学或者其他熟悉的人,尽管你的内心非常焦急,但一定要保持镇静不慌乱,认真听从调度员指令行事。

(2)提供具体位置。提供的位置信息要精确至门牌号(具体到校门甚至楼号和楼层)。如果在现场有多个陪同者,可派一人前往校门口迎接救护车,以便更快速地指引救护车到达目的地。

(3)汇报伤者情况。请以最精准、简练的语言,说出呼救原因,受伤者的年龄、性别、伤情症状(如呕血、昏迷、意外伤害等)等具体信息。

(4)说明现场情况。对于火灾、毒气泄漏等群体性事件,需说明事件严重程度、受伤人数、路况等信息,以便调度员迅速确定出诊人员和车辆的数量。

(5)做好准备工作。在救护人员到达前,要充分做好准备工作。一是提前准备好病人的身份证、医保卡、手机或现金等去医院必需的物品;二是在不对伤者造成二次伤害的前提下,尽可能搬走过道上一切阻碍救援的物品,为救援节约时间。

(6)其他注意事项。对于心脏骤停的病人,尽快进行心肺复苏将会大大提高救援的成功率;另外,留下有效的联系方式,保持电话畅通也至关重要。

典型案例

篮球场上的危险

在某次篮球活动中,宋同学接队友传球时,由于球技生疏,接球动作不标准,手指触球时受到侧面冲击,顿时感觉手指活动受限,疼痛难忍。尽管宋同学及时被老师送去医院,但手指依然受到了一定损伤,需要慢慢恢复,给生活和学习造成了不便。

案例分析:

运动损伤是指运动过程中发生的,与运动项目、技巧、强度、个人素质及装备密切相关的一类人体组织器官伤害。损伤类型包括肌肉、肌腱、韧带等软组织损伤,骨与关节及软骨损伤,神经血管及器官损伤等。导致运动损伤发生的原因有很多,如准备运动不充分、运动安排不合理、身体功能和精神状态差、运动装备配备不当、场地环境与气候较差等。不同的运动损伤有不同的处理方法,只有采用正确方法才可以避免对身体造成严重损害。

本案例反映的是典型的运动损伤，究其原因在于宋同学运动前准备不足，没有熟练掌握接球动作的规范和要领，运动进行中接球动作不规范，致使手指触球时受到侧面的外力冲击，引起损伤。类似这样的损伤，通过强化保护意识、做好热身运动、坚持规范动作、接受指导训练、保护易伤部位等措施，完全可以提前预防。希望学生能从中吸取经验教训，切实提高防范意识，在运动中最大限度地保护自己不受伤害。

思考与探究

1. 小华踢足球时，腿部肌肉不慎拉伤，小明说应该立刻用冰块冷敷，小张却说应该立刻用热毛巾热敷，你认为应该采取哪种方案？请说明原因。

2. 除颤仪是利用较强的脉冲电流通过心脏来消除心律失常，使之恢复窦性心律的一种医疗器械，也是公共场所常备的急救设备。请找找你身边哪些地方配备了除颤仪，并了解它的使用方法。

话题二　触电事故预防与应对

情景导入

学校宿舍对违章电器的管理十分严格，电饭锅、电炉、热得快、电热毯、功率在1000W以上的电吹风都是不允许使用的。总体来说，校园宿舍内关于触电伤害的事故并不多见。但是，学校的实验室与实训室是各类电器设备的主要使用场所，在实验室一定要严格遵照操作规范使用相关设备，预防和减少用电安全事故的发生。

知识讲解

一、触电的预防措施

(1) 经常检查线路，查看电线的绝缘部分是否老化。

(2) 不要私自乱拉乱接线路，不要随意更改线路。

(3) 在使用电吹风、电炉、电热毯的时候，不能随意离开。

(4) 闻到类似烧胶皮味道的异味时，应赶紧切断电源，然后检查异味的来源。

(5) 雷雨天应远离高压电线杆、铁塔和避雷针。

(6) 当高压线落地时，应至少远离接地点20m，如已在20m之内，要并足或单足跳离

20m以外,防止跨步电压触电。

(7) 一旦发现有人在水中触电倒地,千万不要急于靠近搀扶,必须先采取应急措施,然后才能对触电者进行抢救。

二、触电的紧急应对措施

(一) 迅速脱离电源

(1) 使触电者脱离低压电源的方法:拉开电源开关、拔出插销或保险、切断电源。

(2) 找不到开关或插头时,可用干燥的木棒、竹竿等绝缘体将电线拨开,使触电者脱离电源。

(二) 现场救护

(1) 若触电者呼吸和心跳均未停止,此时应让触电者就地平躺,安静休息,不要让触电者走动,以减轻心脏负担,并严密观察呼吸和心跳的变化。

(2) 若触电者心跳停止、呼吸尚存,则应对触电者做胸外按压。

(3) 若触电者呼吸停止、心跳尚存,则应对触电者做人工呼吸。

(4) 若触电者呼吸和心跳均停止,应立即采用心肺复苏法进行抢救。

(三) 现场救护注意事项

(1) 动作一定要快,尽量缩短触电者的带电时间。

(2) 切不可用手、金属或潮湿的导电物体直接触碰触电者的身体或与触电者接触的电线,以防抢救人员触电。

(3) 解脱电源的动作要用力适当,防止因用力过猛使带电电线击伤在场的其他人员。

(4) 在帮助触电者脱离电源时,应注意防止触电者被摔伤。

(5) 进行人工呼吸或胸外按压抢救时,不得轻易中断。

典型案例

合租房中的危险

小赵不愿意住校,在学校附近居民房和其他同学合租。这所房子较为老旧,厨房里的电器使用年限较长,线路老化也比较严重,尤其是电饭煲的线路绝缘层都已脱落,但是小赵及其舍友对此并未在意。一天中午,小赵在做饭时,刚给电饭煲插上电就感觉一阵剧痛,大叫一声昏倒在地。舍友意识到小赵触电了,立即断开电闸,并拨打120急救电话,将其送往医院救治。

案例分析:

触电是指一定量的电流通过身体时,造成机体损伤或功能障碍,甚至死亡。触电的时间越长,电压越高,人体所受的电损伤就越严重。触电的原因很多,既有缺乏用电常识或疏忽大意等主观因素,又有高温、潮湿、火灾、雷击等客观因素。如遇触电情况,要保持冷静,根据现场情况,选择合适的方式自救或救人,并及时报警,拨打120急救电话,等待急救人员的到来。

该案例中,小赵租住房屋厨房的电器使用年限较长,线路老化,绝缘层脱落,导致电器漏电,这是小赵触电的主要原因。这也反映了小赵的用电安全意识不强,没有注意这些细节。好在舍友反应迅速,能及时判断情况,并进行正确处置,没有使事态变得更糟。因此,学生不仅要加强用电安全知识和预防触电措施的学习,还应加强触电后应急处理措施的学习,这样才能更好地应对各种突发情况。

思考与探究

1. 假如你以青年志愿者的身份进社区宣传触电急救知识,你会怎样进行宣传?请构思一份宣传企划。

2. 为什么在雷雨天气中不宜使用电器设备?请通过查找相关资料,解释其原因。

话题三　火灾事故预防与应对

情景导入

火灾是现实生活中最常见、最突出、危害最大的一种灾难,是直接关系到生命安全、财产安全的大问题。校园中,学生大多是在人口相对密集、空间相对封闭的环境中生活和学习,更容易因火灾而造成重大安全事故。因此,防火安全一直是学校安全教育的一个重要内容。作为校园集体生活的一分子,学生不仅要了解、学习和掌握相关的防火知识,做好个人防护,同时还要具有集体主义精神,协助学校做好防火工作。本话题将重点介绍预防火灾、应急疏散与演练两个方面的内容,重在引导学生提高防范意识,提升应对火情的能力。

知识讲解

火灾会造成巨大的破坏,在日常生活中要尽可能杜绝各种安全隐患,预防火灾的发生。一旦遭遇失火,不要惊慌失措,可根据具体情况进行扑救或者及时逃生。接下来将围绕火灾的预防、火灾的扑救、火场安全逃离、应急疏散、避免逃生误区等方面展开介绍。

一、火灾的预防

(1) 避免生活火灾:杜绝在宿舍内违章使用燃气、燃油设备;杜绝吸烟、点蜡烛、烧废物等使用明火的行为;杜绝违规存放易燃易爆物品;杜绝在室内燃放烟花爆竹等危险行为。

(2) 避免电气火灾：杜绝私拉乱接电源线；杜绝违规使用大功率电器设备；杜绝使用质量不过关的电器设备；严格按使用说明使用电器设备；发现电线老化时及时停用并上报学校有关部门。

(3) 避免实验室火灾：实验前应充分做好准备工作，严格按照实验规程操作，防止因不规范操作引发火灾；要控制实验室化学物品的储存量，杜绝存放大量易燃易爆危险化学物品。

二、火灾的扑救

（一）保持头脑冷静

一旦发现火情，头脑要冷静，任何火情都有一个从小到大的发展过程。在火情初起阶段，只要发现及时，当机立断采取正确的灭火方法和有效的措施进行扑救，就能将火势扑灭或把损失降到最低。

（二）及时切断电源

若是电器导致火情发生，首先要切断电源，防止救火过程中有触电情况发生；若仅是因为个别电器短路起火，可立即关闭电器电源开关；若是整个电路起火燃烧，则必须拉断总开关，切断总电源。

（三）选择正确灭火方式

含有碳固体的火灾，可选用清水灭火器、泡沫灭火器、干粉灭火器（ABC 干粉灭火器）灭火；可燃液体火灾，可选用干粉灭火器（ABC 干粉灭火器）、氧化碳灭火器灭火；可燃气体火灾，可选用干粉灭火器（ABC 干粉灭火器）、二氧化碳灭火器灭火；金属火灾，目前尚无有效灭火器，一般可用沙土灭火；带电燃烧火灾，可选用干粉灭火器（ABC 干粉灭火器）、二氧化碳灭火器灭火。

三、火场安全逃离

(1) 棉被护身法：在确定逃生路线后，用浸湿过的棉被（或毛毯、棉大衣）披在身上，以最快的速度冲到安全区域，但千万不可用塑料雨衣作为遮蔽物。

(2) 毛巾捂鼻法：火灾中的浓烟具有温度高、毒性大的特点，人们一旦大量吸入，呼吸系统会被烫伤，从而导致呼吸不畅甚至窒息而亡。因此，在疏散中应用湿毛巾捂住口鼻，以起到降温及过滤的作用。

(3) 匍匐前进法：由于火灾发生时烟气大多聚集在上部空间，在逃生过程中应尽量将身体贴近地面匍匐（或弯曲）前进。

(4) 逆风疏散法：应根据火灾发生时的风向来确定疏散和逃生方向，如果能迅速逃到火场上风处躲避火焰和烟气，则可获得更多的逃生时间。

(5) 绳索自救法：家中有绳索时，可直接将其一端拴牢在门、窗档或重物上，沿另一端爬下。要注意手脚并用（脚成绞状夹紧绳，双手一上一下交替往下爬），并尽量采用手套、毛巾保护双手,防止顺势滑下时脱手或将手磨破。

(6) 被单拧结法:把床单、被罩或窗帘等撕成条并拧成麻花状,如果长度不够,可将数条床单连接在一起,参照绳索逃生的方式沿外墙爬下,但要切实将接口处扎紧扎实,以避免其断裂或脱落。

(7) 管线下滑法:当建筑外墙或阳台边上有落水管、电线杆、避雷针引线等竖直管线时,可借助其下滑至地面。要注意一次下滑的人数不宜过多,以防因管线不堪重负损坏而致人坠落,造成意外伤害。

(8) 竹竿插地法:如果在火灾现场没有现成可用的竖直管线,也可将结实的竹竿或晾衣竿等物品,直接从阳台或窗口处斜插到室外地面或下一层平台,两头固定好以后顺竿滑下。

(9) 攀爬避火法:当火势自下而上迅速蔓延而将楼梯封死时,住在高层的居民可在保证安全的前提下,通过天窗等平台迅速爬到屋顶,转移疏散。也可通过攀爬至阳台、窗台的外沿及建筑周围的脚手架、雨篷等突出物以躲避火势。

(10) 搭"桥"过渡法:在确保安全的前提下,可在阳台、窗台、屋顶平台处用木板、竹竿等较坚固的物体搭至相邻单元或相邻建筑,以此作为跳板转移到相对安全的区域。

(11) 毛毯隔火法:如果被困在房间内,可将毛毯等织物钉(或夹)在门上,并不断往上浇水冷却,以防止外部火焰及烟气侵入,达到减缓火势蔓延速度而延长逃生或等待救援时间的目的。

(12) 卫生间避难法:在着火的房子里实在无路可逃时,应优先选择卫生间作为避难场所。可以用湿毛巾或者湿衣服塞紧门缝,并把水泼在门上及地上,以便降低温度;也可躺在放满水的浴缸里躲避。

(13) 火场求救法:发生火灾时,首先要拨打火警电话,在等待救援时,也可在窗口、阳台或屋顶处向外大声呼叫,敲击金属物品或投掷软质物品。总之,应该最大限度引起别人注意,以便获取更多的救援力量。

(14) 跳楼求生法:火场上切勿轻易跳楼,但是在万不得已的情况下,住在低楼层的居民可采取跳楼的方法进行逃生。根据周围地形选择落差较小的地块作为着陆点,并将席梦思床垫、沙发垫、厚棉被等抛下作为缓冲物,尽量使身体重心放低,做好充分准备以后再跳。

四、应急疏散

火灾的应急疏散是采取各种技术和手段,成功实施灭火救援行动,最大限度减少人员伤亡,降低财产损失的有效办法。具体来说,分为预警、响应、疏散、善后四个方面。

(1) 预警:在没有火灾报警感知系统的情况下,现场人员发现火情后,应第一时间大呼"起火了"以引起大家注意,并及时上报火灾应急小组。

(2) 响应:火灾应急小组在接到火情报告后,应立即通知灭火行动组、安全救护组及其他各应急小组到达现场组织灭火和抢救。各小组成员应遵照应急处理措施,协调做好救援、抢救工作,防止事故蔓延、扩大。

(3) 疏散:疏散引导人员按照疏散图指示及时疏散留在现场的人员,并安排专人管理现场,预防趁乱偷盗行为的发生。疏散按照先着火房间、后着火房间的相邻区域,先着火楼层及以上楼层、后着火楼层及以下楼层的次序进行。

(4)善后:应急值班人员要坚守岗位,实时关注事件发展情况、所采取的措施、存在的问题,并认真做好记录。事件完全解决后,应做好情况上报工作。

五、避免逃生误区

即使经过专业的应急疏散演练,但真正遇上火灾时,大多数人难免还是会慌乱,并按照惯性思维来逃生。如果没有掌握正确的逃生方法,陷入逃生误区就极可能会失去生命。因此,火场逃生要避免以下误区。

(一)逃生误区一:原路脱险

一旦发生火灾,人们总是沿着最先进入的那个出入口和楼道逃生,当发现此路被封死时,才被迫去寻找其他出口,殊不知,此时也许已经失去了最佳的逃生机会。正确做法是当我们进入一个陌生的建筑物时,首先要了解并熟悉其内部环境,尤其是安全出口,以防万一。

(二)逃生误区二:向光亮处跑

在紧急情况下,出于本能,人们总是习惯性朝有光、明亮的方向逃生。实际上,火灾发生时的正确做法是捂鼻弯腰,往安全出口处迅速撤离,千万不能朝着光亮的地方跑。

(三)逃生误区三:盲目追随

人突然面临危险时,极易因惊慌失措失去判断能力,导致盲目追随。常见的盲目追随行为有跳窗、跳楼,逃(躲)进厕所、浴室、门角等。正确做法是不要盲目跟随别人,要在掌握一定逃生技能的基础上,具体问题具体分析。

(四)逃生误区四:自高向下

高层建筑发生火灾时,人们总是习惯性地认为:只有尽快逃到一层,跑出建筑物,才有生的希望。殊不知,这时的下层可能是一片火海,盲目地下楼逃生,可能是自投火海。正确做法是,根据现场情况,理智判断是向下还是向上逃生。如果着火层位于自己楼层下,此时可以选择向上逃生或进入避难层;如果着火层位于自己楼层上,应迅速沿疏散通道向下逃生。

(五)逃生误区五:盲目跳楼

人们在刚发现火灾时,基本上还能理智判断,但如果多次尝试逃生失败,而火势又越来越大、烟雾越来越浓时,人们就很容易失去理智,甚至是盲目跳楼。跳楼有风险,正确做法是合理利用天窗、阳台等转移到安全区域,或是把床单、被套撕成条状连成绳索,紧拴在窗框、铁栏杆等固定物上,顺绳滑下脱离险境。

🔒 典型案例

宿舍中的危险

某校学生宿舍突发火情,宿管老师发现后,第一时间拨打火警电话,并在等待救援过程中使用宿舍走廊内的灭火器材进行扑救。因宿管老师反应迅速，处置得当，再加上消防队员的及时支援，所幸本次火情并没有造成太大损失。后经消防部门勘查发现，本次火灾的起因是学生在宿舍中使用劣质充电器，且给手机充电时间过长。

案例分析：

燃烧的三要素包括可燃物、助燃物和引火源。这三个要素是燃烧的必要条件，只要它们同时存在，就可能引发火灾。在校园生活中，常见的火灾事故类型有以下几种：一是使用明火不慎，如违规点蜡烛、点蚊香、烧废物等；二是电气火灾，如宿舍内违规使用大功率电器、电路老化等；三是违反实验室操作规程引发火灾。一旦发生火灾，切勿惊慌失措。如果火势不大，应迅速利用备用的简易灭火器材，采取有效措施控制和扑救火灾。若火势较大，应迅速拨打火警电话请求援助。本案例所呈现的是一起非常典型的由学生违规使用劣质充电器而引起的宿舍火灾。

这起火灾，既有让我们引以为戒的地方，也有一些我们在处理类似情况时可供参考的正确做法。具体来说，可从以下几点进行讨论：首先，学生在宿舍中使用劣质充电器，并给手机过长时间充电，这样的做法肯定是不对的，需要引以为戒。其次，从宿管老师及时使用灭火器材进行扑救可以看出，该校对消防器材的维护和培训还是比较到位的，能将损失降到最低，这一点值得其他学校借鉴。最后，宿管老师及时拨打火警电话请求专业支援，避免因火势扩大而造成更坏的后果，并因此找出引发火灾的具体原因，这样的做法也是非常正确的，不仅成功化解了本次危机，还能借此在学生中展开教育，杜绝类似的安全隐患。

思考与探究

1. 结合燃烧的三要素，实地走访学校的图书馆后，谈谈学校的图书馆是否存在安全隐患，如果有，请指出并提出整改建议。

2. 结合学校实际情况，制作一张你所在宿舍房间的逃生路线图，制定一份切实可行的应急疏散演练预案，并据此进行实际演练。

话题四　踩踏事故预防与应对

情景导入

踩踏事故是一种突发性公共安全事件，它通常发生在人群密集的场所，由于各种原因导致人群恐慌、拥挤或失控，从而引发严重的人身伤害甚至死亡。许多国家都发生过严重的踩踏事故，例如2022年10月29日晚，韩国首尔龙山区梨泰院举行万圣节派对，发生大规模踩踏事故,造成159人死亡。踩踏事故发生的原因有环境、管理、心理、社会等众多原因,但直接原因是大量人员短时间内在较狭窄空间的聚集。学校是举办各类大型活动的场所,学生也通常以群体形式参加活动,因此校园是容易发生踩踏事故的地方,需要采取多方面措施,加强对踩踏事故的预防。

知识讲解

为避免踩踏事故的发生,首先要在活动前进行风险评估,制定完备详细的活动安全预案。另外,一旦出现风险,还需要迅速及时采取有效应对措施。只有时刻绷紧安全之弦,充分意识到日常安全检查和安全技能培训的重要性,才能从根本上杜绝校园的踩踏事故。具体来说,可以从以下几点开展踩踏事故的预防与应对。

(1)注重安全检查。为预防踩踏事故的发生,学校在日常管理中,应特别注重对消防和逃生通道的检查,确定通道的数量、宽度及相关照明设备是否能满足需要,并确保通道的畅通无阻,以备不时之需。

(2)组织安全演练。在学校发生紧急情况时,为了确保师生能在不发生踩踏事故的前提下,安全、快速地进行疏散,需要学校定期组织安全演练,以此保证学生能熟悉安全出口和逃生流程,做到有事不慌、积极有序地应对。

(3)保持沉着冷静。遇到踩踏情况,要沉着冷静应对。面对惊慌失措的人群,更要让自己保持情绪稳定,不能跟着失控的人群一起大喊大叫、乱挤乱窜,惊慌只会让情况更糟。专家指出,心理镇静是个人逃生的前提,服从大局是集体逃生的关键。

(4)掌握逃生技能。一旦身陷踩踏事故,要记住以下三点:一是要和大多数人的前进方向保持一致,不要试图超过别人,更不能逆行。二是应左手握拳,右手握住左手手腕,双肘撑开平放胸前,形成一定空间,保证呼吸。三是如不慎跌倒,应双手十指交叉相扣,护住后脑和颈部,两肘向前护住头部,双膝尽量前屈,护住胸腔和腹腔重要脏器,侧躺在地。

(5)积极请求支援。踩踏事故发生后,当事人或发现人应就近及时上报。现场救援人员要采取安全措施,进行力所能及的救护,不能盲目或在无安全措施的情况下进行救护。若需消防、卫生、公安等单位的援助时,应向上级单位报告事故,并及时请求支援。

(6)做好心理疏导。踩踏事故发生后,第一要务是生命的救援,而心理救援也必不可少。因为突发的事故往往具有难以预测、危害严重等特点,对每个当事人来说都是一种应激,会导致人们出现害怕、焦虑、紧张、恐惧、痛苦、抑郁等负面情绪,需要及时疏导,以免造成二次伤害。

典型案例

人多带来的危险

一日晚间,某校在三楼报告厅举行全校辩论赛,现场人数较多。结束时,突降暴雨,学生们急于回到宿舍,纷纷抢着下楼。面对即将可能出现的风险,学校紧急启动防踩踏预案:一是通过广播安排学生分批下楼;二是对湿滑楼道进行清理;三是在楼梯安排教师进行现场管理。正是因为以上措施得到了及时有效且坚决有力地执行,1000多名学生得以有序、安全地下楼,避免了可能出现的踩踏事故。

案例分析:

造成踩踏事故的原因很多:包括人群较为集中;人群受到惊吓,产生恐慌;人群因过于激动(兴奋、愤怒等)而出现骚乱;部分人因好奇心驱使,专门找人多拥挤处去探索究竟等。正因为集体活动有发生踩踏事故的风险,所以必须要提前做好相关应对工作。例如,在活动开始前进行风险评估,制定安全预案,安排足够的现场管理人员,及时有效干预等。

本案例中,该校之所以能成功避免可能出现的踩踏事故,正是因为他们每个环节都做得很好。首先,学校有足够的安全意识,在组织集体活动前,能提前评估风险,并制定了防踩踏预案;其次,面对突发的暴雨天气,学校能当机立断,预判即将出现的风险,并立即启动预案;最后,在执行预案的过程中,各部门密切配合,积极行动,不管是广播、楼道清理,还是教师值守都能做到井井有条,忙而不乱。基于以上三点,该校成功化解了一场可能出现的危机,也为其他学校举办集体活动起到很好的示范作用。

思考与探究

1. 假如你所在的学校即将在体育场(馆)举办一次校园歌手大赛,结合所学内容,分组讨论本校应该如何预防校园踩踏事故的发生。

2. 假设你在一个拥挤的音乐节现场,突然间你察觉到人群开始陷入恐慌,你判断发生踩踏事故的风险正在急剧上升。请描述应该如何迅速评估周围环境,并采取哪些具体行动来保护自己和他人的安全。

话题五　危险化学品事故预防与应对

情景导入

目前世界上已经有超过1000万种化学品,人们日常使用的也在700万种以上,对化学品的需求和应用越来越多,使化学品的试验与研究愈发重要。学校涉及的化学类教学实验类型正在不断进行更迭,校园中危险化学品的使用也日益频繁,这些危险物质一旦发生事故,不仅可能造成人员伤亡和财产损失,还可能对环境造成长期影响。因此,加强校园危险化学品事故的预防与应对工作显得尤为重要。

知识讲解

危险化学品是指具有毒害、腐蚀、爆炸、燃烧、助燃等性质，对人体、设施、环境具有危害的剧毒化学品和其他化学品。

一、危险化学品的分类方法

我国对于危险化学品分类的方法主要有以下几种。

(1) 对于现有化学品，可以依据《化学品分类和标签规范》(GB 30000—2024)和《危险货物分类和品名编号》(GB 6944—2012)两个国家标准来确定其危险性类别和项别。

(2) 对于新化学品，应首先检索文献，利用文献数据对其危险性进行初步评价，然后进行针对性实验。对于没有文献资料的危险品，需要进行全面的理化性质、毒性、燃爆、环境方面的试验，然后依据《化学品分类和标签规范》和《危险货物分类和品名编号》两个国家标准进行分类。

(3) 对于混合物，其燃烧爆炸危险性数据可以通过试验获得，但毒性数据的获取则需要较长时间，实验费用也相对较高，进行全面试验并不现实，因此可采用推算法对其毒性进行推算。

二、《危险货物分类和品名编号》中的分类

根据《危险货物分类和品名编号》，危险货物可以分为以下九大类。依据该分类，可以初步认识危险化学品的性质。

第1类：爆炸品

  1.1项：有整体爆炸危险的物质和物品；

  1.2项：有迸射危险，但无整体爆炸危险的物质和物品；

  1.3项：有燃烧危险并有局部爆炸危险或局部迸射危险或这两种危险都有，但无整体爆炸危险的物质和物品；

  1.4项：不呈现重大危险的物质和物品；

  1.5项：有整体爆炸危险的非常不敏感物质；

  1.6项：无整体爆炸危险的极端不敏感物品。

第2类：气体

  2.1项：易燃气体；

  2.2项：非易燃无毒气体；

  2.3项：毒性气体。

第3类：易燃液体

第4类：易燃固体、易于自燃的物质、遇水放出易燃气体的物质

  4.1项：易燃固体、自反应物质和固态退敏爆炸品；

  4.2项：易于自燃的物质；

4.3项:遇水放出易燃气体的物质。

第5类:氧化性物质和有机过氧化物

5.1项:氧化性物质;

5.2项:有机过氧化物。

第6类:毒性物质和感染性物质

6.1项:毒性物质;

6.2项:感染性物质。

第7类:放射性物质

第8类:腐蚀性物质

第9类:杂项危险物质和物品,包括危害环境物质

注:类别和项别的号码顺序并不是危险程度的顺序。

在学校实验室开展的实验,如果确需使用危险化学品,一定要通过合法正规的渠道进行购买。另外,在实验开始前,要充分阅读、理解危险化学品的安全技术说明书和危险化学品安全标签,掌握危险化学品的各项理化性质、急性毒性和健康危害等信息,制定安全合理的实验方案和应急处置方案。

典型案例

会爆炸的硝基化合物

李某在进行化学实验时,没有仔细核对相关试剂名称,误将一瓶硝基甲烷当作四氢呋喃加到氢氧化钠中。一分钟后,试剂瓶中冒出白烟。情急之下,李某立即将通风橱玻璃门拉下,但此时瓶口的烟已变成黑色泡沫状液体,危险一触即发。尽管李某急忙叫来同学请教解决方法,但还是没能阻止一次小爆炸事故的发生。事故不仅造成实验失败,而且二人的手臂也被震碎的玻璃碎片割伤,此次失误令李某心惊不已。

案例分析:

造成校园实验室安全事故的原因有很多,主要有不安全环境和不安全行为。不安全环境是指实验室存在的安全隐患,如危险化学试剂、传染性标本等。不安全行为主要是指实验人员的不当操作,如化学品使用不当或仪器设备操作不当,实验人员未正确佩戴防护用品,发生事故后没有应急处置导致事故后果扩大等。在这两个主要原因中,不安全环境是事故发生的间接原因,人的不安全行为则是事故发生的直接原因。因此,实验室安全管理的中心内容就是防止人的不安全行为,消除物质环境的不安全状态,进而阻断事故连锁的进程,以此避免事故的发生。

实验室的安全隐患主要包括化学试剂、触电烧伤、火灾爆炸、传染性标本等,本案例就是一起典型的因对化学试剂操作失误而引发的爆炸事故。实验人员李某的失误在于实验开始前的准备工作做得不够严谨细致,没有仔细核对相关试剂名称。如果在实验开始前,他能对物料、设备、环境进行检查,将不用的试剂瓶摆放到试剂架上,保持实验台的整洁利落,且在

实验时严格执行实验规章制度,按照技术标准、实验操作流程开展工作,完全可以避免本次事故的发生。

实验室首先应该"以人为本",充分重视对实验室操作人员安全意识的培养,实验技能的掌握以及仪器操作、维护保养的培训,只有做到这些,才能更好地避免安全事故的发生。关于实验人员的安全意识和操作规程,具体应该注意以下几点。

(1) 进入实验室开始工作前,首先应该充分了解实验室环境,尤其是煤气总阀门、水阀门及电闸所在处,以备不时之需。同样,离开实验室时,也应将室内检查一遍,将水、电、煤气等开关关好,并锁上门窗。

(2) 使用电器设备(如烘箱、恒温水浴、离心机、电炉等)时,要注意两点。一是绝不可用湿手或在眼睛旁视时开关电闸和电器开关,以防触电;二是应该用试电笔检查电器设备是否漏电,凡是漏电的仪器,一律不能使用。

(3) 使用浓酸、浓碱等危险化学品时,务必小心谨慎操作,防止溅出。除此之外,还要注意用移液管量取这些试剂时,必须使用橡皮球,绝对不能用口吸取。若不慎溅在实验台上或地面,必须及时用湿抹布擦洗干净;若触及皮肤,应立即对症治疗。

(4) 使用可燃物,特别是易燃物(如乙醚、丙酮、乙醇、苯、金属钠等)时,应特别小心。不能将大量可燃物放在桌上,更不能放在靠近火焰处。只有在远离火源或将火焰熄灭后,方可倾倒易燃液体。另外,低沸点的有机溶剂不能在火上直接加热,只能在水浴上利用回流冷凝管加热或蒸馏。

(5) 如果操作不慎,倾出了相当量的易燃液体,则应按照以下步骤紧急处理:首先,立即关闭室内所有的火源和电加热器;其次,关门并打开窗户;再次,用毛巾或抹布擦拭洒出的液体,并将液体拧到大的容器中;最后,由容器倒入带塞的玻璃瓶中。

(6) 易燃和易爆炸物质的残渣(如金属钠、白磷、火柴头)不得倒入污物桶或水槽中,应收集在指定的容器内;废液,特别是强酸和强碱不能直接倒在水槽中,应先稀释,然后倒入水槽,再用大量自来水冲洗水槽及下水道;有毒有害物质应按实验室的规定办理审批手续后领取,使用时严格操作,用后妥善处理。

思考与探究

1. 请查看以下危险品的运输标志,识别其对应的具体类别及主要特性,完成表3-1。

表 3-1 危险品运输标志与类别

危险品运输标志	危险品类别

续表

危险品运输标志	危险品类别

2. 为保证实验室安全，需要合理设置安全警示标志、禁止标志等，请识别以下实验室标志，并填写该标志所代表的具体含义及相应要求，完成表3-2。

表3-2 实验室标志

实验室标志	标志要求
禁止烟火	
禁止放易燃物	
禁止饮用	
禁止用手触摸	
注意安全	
当心火灾	
当心爆炸	

3. 请通过网络查找甲醇的化学品安全技术说明书（material safety data sheet，MSDS），观察 MSDS 的主要编写结构由哪些部分组成。

模块四

财产安全

调查显示,近几年来,在我国发生的刑事犯罪中,侵犯他人财产的犯罪一直占比较大。这类犯罪不但造成了巨大的经济损失,还对社会治安环境产生了非常恶劣的影响。随着社会的不断发展,校园及其周边的环境日趋复杂,盗窃、抢劫等案件频发,影响了学校正常的工作和生活秩序。职业院校学生由于年纪较轻,缺乏社会生活经验,安全防范意识薄弱,这类案件一旦发生,往往会使他们深陷危险境地。为了创造安定和谐的校园秩序和育人环境,保障学校各项工作有序、正常、安全地进行,学校管理人员和学生自身必须加强财产安全意识。与此同时,职业院校应该教育广大学生增强安全防范技能,避免和减少安全事故的发生。

本模块将从财产安全常识、校园盗窃预防与应对、电信诈骗预防与应对三个方面进行阐述,重点在于提升学生们对于财产安全的防范意识和自我保护能力,让大家能够更好地维护自己的合法权益,避免财产损失。

话题一　财产安全常识

情景导入

某日,小张同学在购物网站看到精美的商品图片,上面写着"低价销售"字样,一旁有各大银行等金融机构的链接图标。小张点击后,进入与上述机构一模一样的假冒网页。小张输入相关个人信息后,网银账号和密码就被盗取了,银行卡中的钱也不翼而飞。

知识讲解

一、财产安全概述

财产是指拥有的金钱、物资、房屋、土地等物质财富。财产按所有权可分为公有财产(国家财产是公有财产的一种)和私人财产。私人财产大体上有三种,分别为动产、不动产和知识财产(即知识产权)。

财产安全是指拥有的金钱、物资、房屋、土地等物质财富受到法律保护的权利的总称。

二、财产安全的类型

在当今校园里,盗窃、诈骗、抢劫已成为危害学生财产安全的三大隐患。据不完全统计,盗窃、诈骗与抢劫案件占校园治安刑事案件的80%以上,严重影响了学生的学习和生活。

三、当前财产安全问题存在的原因

（一）内部原因

1. 个人财产安全意识淡薄

处于社会转型期的职业院校学生,自身的安全意识与个人财产安全意识较为淡薄,主要表现在以下几个方面:首先,学生的主要生活圈为学校和家庭,真正接触社会环境的机会很少,对社会的认知也较少,对社会现象大多仅停留在感性认识上,缺乏实践经验,以及防盗窃、防抢劫、防诈骗等观念,还缺乏实用性强的个人财产安全防范意识;其次,大多数学生对法律知识了解较少,在个人利益受到侵害时不知如何运用法律,不知如何寻求法律保护、社会保护,甚至对法律缺乏信心;最后,绝大多数学生从未从事过勤工助学、社会兼职等工作,所有钱物均来自家庭的无偿供给,他们本身并不知道挣钱的辛苦及生活的不易,甚至有人还

十分认同"旧的不去,新的不来"这样错误的观念,对个人财产缺乏必要的保护意识。

2. 家庭财产安全教育缺失

家庭财产安全教育缺失主要体现在两个方面。一方面,大多数父母对子女的教育存在较大的局限性。在很多父母的认知中,孩子的学习成绩高于一切,因此他们往往忽略了对孩子社会认知和适应方面的教育,忽视甚至无视包括财产安全在内的安全教育。另一方面,为了给子女创造更好的学习环境和更多的学习时间,限制其生活空间,家长们常常会人为地封堵孩子外出接触社会、认知社会、适应社会的机会,使年轻人在真正步入社会前失去了自我养成财务安全保护意识的机会。

3. 学校对财产安全教育不重视

目前,多数学校针对学生的安全教育主要集中在人身安全和心理健康教育等方面,普遍欠缺财产安全教育。学校普遍重视"三防"(防火、防盗、防骗)硬件设施建设,但对财产安全的防范教育力度有限,甚至有些学校这方面的教育内容几乎是空白。此外,在防范措施上,部分学校对防范规章的施行缺乏长期性、持续性,只在新生入学教育时"一笔带过",使防范教育流于形式。

(二) 外部原因

诚然,随着社会的发展和进步,当前的社会治安状况整体较好,各类偷盗案件大大减少,人民财产得到了更有效的保护。但同时,社会上还有一小撮人或多或少干着偷盗的事情,甚至有些是职业偷盗分子。

四、人身和财产安全保护的一般知识

(1) 要有防护意识,保持良好的防护习惯。

(2) 留心观察身边的人和事,及时规避可能针对自己的侵害。

(3) 发生案件、发现危险时,要快速、准确、实事求是地报警求助。

(4) 要用法律维护自己的人身财产安全。特别是面对暴力犯罪时,要坚决制止不法侵害。

(5) 主动积极维护校园及周边治安秩序,创造和谐有序的环境。

典型案例

据统计,现在校内发生的治安案件中最突出的是侵财案件,其中,手机、自行车等物品最容易丢失。例如,某日一高校学生在校内体育场踢球,将书包放在了球门旁边,30分钟后发现书包中的手机被盗。再如,某日,一名学生离开自习室去卫生间,回来后发现放在座位上的手机丢失。根据警方掌握的情况,该高校仅9月在校园内丢失的手机就有12部,而这些手机的失窃都是由于学生防范意识不强,把手机这类贵重物品放在自习室、阅览室、球场等公共场所,让小偷钻了空子。分析这些小偷的身份,多数是校内学生,还有一些是校外人员窜入校内作案。

案例分析:

学生要提高防范意识,上自习或到其他公共场所时一定要看管好自己的贵重物品,不要以为离开教室的时间短就疏忽大意,一定要随身携带,以免给小偷制造机会。此外,要自觉接受安全教育,不要图一时省事,埋下安全隐患。

思考与探究

1. 什么是财产安全?
2. 财产安全问题存在的原因是什么?

话题二 校园盗窃预防与应对

情景导入

夏季天气闷热,某校学生宿舍楼的窗户全部打开了,同学们都在宿舍内午休。小王的笔记本电脑放在桌子上,被人从窗户盗走,笔记本电脑里面存有很多资料,小王因此耽误了很多事。所以,我们在睡觉时一定要关严门窗,增强安全防范意识,切勿心存侥幸。

知识讲解

在学校发生的各类案件中,盗窃案件占90%以上,是危害学生财产安全的首要隐患。学生应当掌握一些防范盗窃的知识,避免自身、他人和学校财产的损失。

一、校园盗窃案件发生的重点场所

学生宿舍、食堂、图书馆、运动场所等都是盗窃案件发案的重点场所。

二、校园被盗的常见方式

(1) 顺手牵羊。顺手牵羊是指作案人员趁主人不备,将放在桌上、走廊、阳台等处的钱物据为己有。

(2) 乘虚而入。乘虚而入是指作案人员趁着主人不在的时候,伺机进入房内,然后将房内的现金、存折、银行卡等贵重物品带走。

(3) 翻窗入室。翻窗入室是指作案人员翻越没有牢固防范设施的窗户、气窗等入室行窃。入室窃得钱物后,作案人员常会堂而皇之地从大门离去,因此这类窃贼不易被发现。

(4) 撬门扭锁。撬门扭锁是指作案分子使用各种工具撬开门锁,入室行窃。

(5) 用同学的钥匙开同学的锁。这种方式是指作案分子用同学随手乱丢的钥匙,趁同学不在宿舍时打开同学的锁(包括门锁、抽屉锁、箱子上的锁),从而盗走现金和贵重物品等。

这类作案者都是与该同学比较熟悉的人。

三、校园被盗的常见财物类型

（一）现金

现金常常成为一些盗窃分子图谋不轨的首选目标。宿舍内不宜存放大量的现金,保管现金最好的办法是将其存入银行。密码应该选择容易记忆且又不易被解密的数字,千万不要选用自己的出生日期作为密码。特别要注意的是,存折、银行卡等不要与自己的身份证、学生证等证件放在一起。在银行存取款或在自动取款机取款时要注意密码的保密。发现存折、银行卡丢失后,应立即到银行挂失。

（二）各类有价证卡

目前,学校已广泛使用各种有价证卡,如饭卡、月票卡等。这些有价证卡应当妥善保管,最好是放在自己贴身的衣袋内,袋口应配有纽扣或拉链。所有密码一定要注意保密。在参加体育锻炼或沐浴时,应将各类有价证卡锁在自己的箱(柜)子里,同时保管好钥匙,千万不要怕麻烦。

（三）贵重物品

贵重物品包括手表、黄金饰品、手机、平板电脑等,较长时间不用的贵重物品应该带回家或委托可靠的人员代为保管,不要放在明处;暂时不用的贵重物品最好锁在抽屉或箱(柜)子里,以防被人趁机盗走。寝室的门锁最好是防撬的,易于翻越的窗户要加装防盗网,门锁钥匙不要随便乱放。对于价值较高的贵重物品和衣服,最好有意识地做一些特殊的记号,这样即使被盗,将来找回的可能性也会大一些。

四、校园被盗的应对措施

发现可疑人员时,一定要沉着冷静,切勿急躁害怕。及时采取有效的措施应对突发情况,能够帮助我们解决问题。以下这些措施可以帮助我们更好地应对财物被盗的问题。

（1）立即报告楼栋管理员,并及时向学校保卫人员报案,同时封锁和保护现场,不准任何人进入。

（2）发现物品被盗时,要迅速叫上他人,寻找和围堵嫌疑人,力争将其抓获并扭送公安机关处理。

（3）积极配合调查,实事求是地回答公安部门和保卫人员提出的问题。

（4）发现存折、银行卡、校园卡被盗,应尽快挂失。

（5）保护盗窃现场,切勿出入现场和翻动现场物品。

五、预防校园被盗的注意事项

（1）妥善保管好现金、银行卡等;不要随身携带大量的现金,最好将现金存入银行。

（2）保管好自己的贵重物品,不要随便放在桌上、床上,要放在抽屉、柜子里,并且锁好。

寒、暑假时应将贵重物品带走,或托可靠的人保管。

(3) 养成随手关窗、锁门的习惯。上课、参加集会、出操、锻炼身体等外出活动离开宿舍时,要关好窗、锁好门。

(4) 在教室、图书馆、食堂等公共场所,不用书包占座,以免丢失。

(5) 不要违反学校规定,留宿他人,更不能放松警惕,引狼入室。

(6) 发现形迹可疑的人员应保持警惕,及时向值班人员报告。

(7) 做到换人换锁,不把钥匙随便借给他人,防止宿舍被盗。

典型案例

某派出所民警接到报警,辖区内某学校一间学生宿舍的三台笔记本电脑被盗。民警连夜展开调查,发现被盗宿舍的门锁并没有被撬的痕迹。于是,民警推断为内部人作案。经走访调查,本校学生张某被列为犯罪嫌疑人。经过连夜突审,犯罪嫌疑人张某交代了自己伙同他人盗窃笔记本电脑的犯罪事实。张某为该校学生,平时看宿舍同学都用笔记本电脑,自己却没有,一时糊涂,便伙同校外同乡王某实施犯罪。当日上午,张某将宿舍的挂锁偷换成自己早已准备好的另外一把锁,并将钥匙给了王某。趁学生都在上课时,王某将三台笔记本电脑盗走。

案例分析:

本案例中,张某因受攀比心理驱使且法律意识淡薄,便伙同他人实行盗窃,这构成了犯罪,必将受到法律的严惩。作为青年学生,应该培养高尚的道德情操,积极学法守法,拥有正确的人生观和价值观,同时需要注意保管好自己的物品,不断增强防范意识。

思考与探究

1. 如何预防盗窃造成的财产损失?
2. 与同学们讨论应当从哪些方面加强防盗,确保自己的财产安全。

话题三　电信诈骗预防与应对

情景导入

高校学生陈某报警称,其当晚9点左右接到一电话,对方自称是某商铺的客服人员,告知他有一笔款项需要办理退款手续。陈某按照要求操作后,对方又给陈某发了一条短信,内有一个网址。陈某按对方要求登录该网址,并输入了个人银行账户信息,然后又输入了对方发来的验证码。随后,陈某发现银行账户内的1000元钱被转走了。

知识讲解

学生诈骗案件是指以在校学生为作案目标,以非法占有为目的,用虚构事实或隐瞒真相的方法骗取数额较大财物的案件。诈骗案件一般不涉及暴力行为,往往是在一种平静甚至"愉快"的气氛下进行的,因此学生往往更容易上当。诈骗方式有合同诈骗、假金元宝诈骗、利用求财心理诈骗、在特定场所(如银行门前)诈骗、中大奖诈骗、利用公话诈骗、碰撞丢钱诈骗等。针对学生的诈骗主要是职场陷阱,包括试用期陷阱、工资陷阱、智力陷阱等。

一、校内诈骗易得手的原因

(1)学生思想单纯,防范意识较差。

(2)学生爱慕虚荣,遇事不够理智。

(3)学生有求于人,交友行事草率。

(4)学生贪图小便宜,急功近利。

二、校内诈骗作案的主要手段

(一)假冒身份,流窜作案

诈骗分子往往利用假名片、假身份证与学生进行交往,有的还利用捡到的身份证等在银行设立账号提取骗款。骗子为了既能骗得财物又不暴露自己,通常采用游击方式流窜作案,财物到手后即逃离。还有人以骗到的钱财、名片、身份证、信誉等为资本,再去诈骗其他人,重复作案。

(二)投其所好,引诱上钩

一些诈骗分子往往利用学生急于就业的心理,投其所好、供其所需,施展诡计以骗取财物。

(三)真实身份,虚假合同

近几年,利用假合同或无效合同诈骗的案件数量有所增加。一些骗子利用学生经验少、法律意识差、急于赚钱贴补生活的心理,常以公司的名义、真实的身份让学生为其推销产品,事后却不兑现承诺和酬金,使学生上当受骗。对于类似的案件,由于事先没有完备的合同手续,处理起来比较困难,往往时间拖得比较长,花费了许多精力却得不到应有的回报。

(四)借贷为名,骗钱为实

有的骗子利用学生贪图便宜的心理,以高利集资为诱饵,使学生上当受骗。个别学生常以"急于用钱"为借口向其他同学借钱,然后挥霍一空,要债的追紧了就再向其他同学借款补洞,拖到毕业一走了之。

(五) 以次充好，恶意行骗

一些骗子利用学生"识货"经验少，又苛求物美价廉的特点，上门推销各种低劣产品使学生上当受骗。更有一些到办公室、学生宿舍推销产品的人，一旦发现室内无人，就会"顺手牵羊"，然后溜之大吉。

(六) 招聘为名，设置骗局

诈骗分子常利用一切机会与学生拉关系、套近乎，或表现出相见恨晚的样子故作热情，或表现得十分感慨并以朋友相称，骗取信任后寻求机会作案。学生为了减轻家里的负担，很希望有勤工俭学的机会，在求职时往往急于求成，有时会病急乱投医。诈骗分子往往用招聘的名义，对一些"无知"的学生设置骗局，骗取介绍费、押金、报名费等。

三、预防校内诈骗的方法

(1) 观察学习，提高防范意识。

(2) 交友需谨慎，避免以感情代替理智。

(3) 与同学和老师之间多沟通，相互帮助。

(4) 服从校园管理，自觉遵守校纪校规。

(5) 不贪钱财、不图便宜，慎重对待他人的财物请求。

(6) 学会自我保护，守护好自身秘密。

总之，要做老实人，不贪横财，要坚信"馅饼不会从天上掉下来"。

典型案例

王某到银行自动柜员机取款，两位青年站在其身后，好像也要取钱。王某输完密码，取款机没有反映，后面两位"好心人"赶紧上来指点迷津："你的卡被机器吞了，赶快去找银行营业员开机。"王某急忙去找营业员。银行营业员打开取款机，发现里边根本没有卡。营业员建议马上挂失，王某犹豫了一阵子，还不停地埋怨银行。等王某同意挂失时，发现银行卡上的 5000 元钱已经不翼而飞。

原来，在王某输密码时，排在他后面的两位"好心人"盯着他的手指，把他所输号码全部记下了。在王某输完密码后，后面的人采取故意触碰取款机键盘的方式让取款机"暂时死机"，造成银行卡被吞假象。等王某去找银行营业员的时候，后面的人再趁机把钱取走。

案例分析：

学生在取钱时，一定要注意观察周围环境是否安全，最好和同学结伴而行；在操作时如有陌生人距离过近，可友好提示其在一米线外等候，或者取卡停止操作，过后再取钱；不要将银行卡密码告知他人，银行卡不能让他人保管或者代为操作。

思考与探究

如何预防诈骗造成的财产损失？

模块五 05

信息安全

  网络是把双刃剑：一方面，它给人类社会带来便利，可以使我们开阔视野，增长学识，加速迈进未来；另一方面，网络的高速发展也衍生出了新的违法犯罪现象，例如盗用个人信息、网络欺凌、网络诈骗等。

  习近平总书记曾指出："没有网络安全就没有国家安全，就没有经济社会稳定运行，广大人民群众利益也难以得到保障。"因此，我们要高度重视网络信息安全工作，建设风清气正的网络空间，共筑网络信息安全防线，更好地保护公民的隐私权、个人信息等。除了2017年6月1日开始实施的《中华人民共和国网络安全法》外，2021年9月1日和2021年11月1日又陆续实施了《中华人民共和国数据安全法》和《中华人民共和国个人信息保护法》。这些法律旨在保护网络空间的安全和秩序，维护国家安全、社会公共利益和公民的合法权益。

  本模块除介绍网络信息安全常识外，主要从常见网络信息安全侵害的预防入手，重点讲述如何预防与处置在网络上遇到的各种危害，确保我们可以更加安全、放心地使用网络。

话题一　预防个人信息被盗

情景导入

连个Wi-Fi、发个朋友圈、抽个奖、寄个快递……不知不觉中，人们的个人信息就面临泄露的风险。在日常生活中，随处可蹭的Wi-Fi、肆意妄为的弹窗、来路不明的App、高额返利的刷单、精心设计的套路，无时无刻不在提醒我们，网络信息安全与我们息息相关。

知识讲解

网络给人们的生活带来极大的便利，利用网络获取信息极为方便，也使得人们越来越依赖网络上的虚拟生活。然而，由于网络具有开放性、互联性、连接方式多样性等特点，再加上本身存在的技术弱点和人为的疏忽，致使网络也常常面临种种威胁的侵袭。个人信息安全对于个人隐私保护和防范网络犯罪至关重要。

以下是一些预防个人信息被盗的知识，能够帮助学生提高信息安全意识，减少个人信息泄露的风险。

一、密码管理

（1）强密码：使用包含大小写字母、数字和特殊字符的组合，避免使用生日、电话号码等容易被猜到的密码。

（2）定期更换：定期更换密码，避免长期使用同一密码。

（3）不同账户不同密码：不要在不同网站或App上使用相同的密码，以免一个账户被破解导致其他账户同样受到威胁。

二、网络安全

（1）安全软件：安装并更新防病毒软件和防火墙，定期进行系统扫描。

（2）安全连接：尽量使用HTTPS等加密协议进行网络连接，避免在公共Wi-Fi下进行敏感操作，如使用网上银行或填写个人信息。

（3）警惕钓鱼网站：不要轻信来自陌生人的链接，尤其是那些要求输入个人信息的链接。

三、个人信息保护

（1）谨慎分享：在社交媒体上谨慎分享个人信息，如地址、电话号码等。

（2）隐私设置：利用社交媒体和网站的隐私设置，限制个人信息的公开范围。

（3）核实信息：在提供个人信息前，核实对方身份和信息收集的合法性。

四、电子邮件安全

（1）警惕垃圾邮件：不要随意打开未知来源的电子邮件，尤其是带有附件或链接的邮件。

（2）邮件加密：对于敏感信息，使用邮件加密功能发送。

（3）正规渠道：与他人通过电子邮件交流时，确保对方使用的是官方或已知安全的邮箱地址。

五、移动设备安全

（1）设备锁定：为手机、平板电脑等移动设备设置密码或指纹解锁。

（2）应用权限：检查并管理应用程序的权限，避免不必要的个人信息访问。

（3）定期备份：定期备份移动设备上的数据，以防数据丢失。

六、监控账户活动

（1）账户通知：开启银行账户、电子邮件等的异常活动通知。

（2）定期检查：定期检查个人账户的活动记录，及时发现并处理异常情况。

七、教育与培训

（1）持续学习：关注最新的网络安全信息和技巧，提高个人信息保护能力。

（2）安全教育：通过在社会、学校以及家庭开展经常性的网络安全教育，尤其是对老人和儿童的教育，提高社会全员信息安全意识。

通过上述措施，可以在日常生活中建立起一套有效的个人信息保护机制，减少个人信息被盗用的风险。记住，保护个人信息安全是每个人的责任，也是维护网络空间安全的重要一环。

典型案例

校外实践"捅娄子"

吴雷是某校学生会干部，在参加校外实践活动期间，帮助当地一家信息公司组织本校学生参与网上调查问卷活动。其中该问卷最后一题是要求学生登录学信网，并填写学信码。由于该涉事公司故意隐瞒学信码的真实用途，也出于对吴雷的信任，学生都如实填写了，导致自己学信网信息的泄露,并对后续的学习生活造成了诸多不便。后来,经调查了解,学校对吴雷处以撤销学生干部职位的处罚,并与涉事企业严正交涉,要求企业立即停止非法侵害行为。公安机关掌握涉事公司的违法行为后,也积极行动,责令该公司不得售卖学生个人信息,并尽快消除不良后果。

案例分析:

当今社会,信息技术飞速发展,各种信息在互联网上如同天上的星斗一般。我们应该认识到,公民个人信息的保护与公民的健康一样,都是至关重要的。个人信息安全关系到每个人的合法权益和生命财产安全,保护自己和他人的个人信息安全人人有责。一旦发现个人信息被泄露,要及时向公安机关报案。实施侵犯公民个人信息违法犯罪的单位和个人,必将受到法律严惩。

本案中,学生干部吴雷和涉事公司共同侵犯了学生的个人信息安全。但是吴雷的错误主要在于他的法律意识淡薄,尤其是对个人信息安全缺乏一定的敏感性,导致他在没有核实公司的真实意图时,就收集学生信息,铸成无心之错。而该涉事公司就是典型的知法犯法,在明知侵犯学生信息安全是违法行为时,依然在利益的驱使下,以欺瞒的方式骗取学生的关键信息,其行为已构成违法,应受到法律的处罚。为提升网络信息安全的意识,有效预防个人信息被盗用,学生要做到以下几点。

(1) 保护个人信息:下载并使用安全可靠的网络浏览器;不要轻易点击别人传阅的网址;不要因优惠券、返利活动等小恩小惠,轻易将个人真实信息登记给他人;凡涉及使用个人银行账户、密码和证件号码等敏感信息的,要格外慎重;在社交网站谨慎发布个人信息,根据自己对网站的需求进行注册,不要盲目填写。

(2) 保护账号密码:个人密码长度不少于8个字符,不要使用单一的字符类型;常见的弱口令尽量避免设置为密码;自己、家人、朋友、亲戚、宠物的名字避免设置为密码;防止网页自动记住用户名与密码;通过密码管理软件保管好密码的同时,密码管理软件应设置高强度安全措施。

(3) 网络使用安全:通过社交网站的安全与隐私设置功能,隐藏不必要的敏感信息展示;避免将工作信息、文件上传至互联网存储空间,避免通过公用计算机使用网上交易系统;不在网吧等多人共用的计算机上进行金融业务操作;不打开、回复可疑邮件、垃圾邮件和不明来源邮件;不访问陌生的 Wi-Fi,特别是无密码、开放的 Wi-Fi,尤其要警惕公共场所免费的无线信号为不法分子设置的钓鱼陷阱。

(4) 移动手机安全:手机设置自动锁屏功能,建议锁屏时间设置为1~5分钟,避免手机被其他人恶意使用;手机系统升级应通过自带的版本检查功能联网更新,避免通过第三方网站下载篡改后的系统更新包等,从而导致信息泄露;尽可能通过手机自带的应用市场下载手机应用程序;为手机安装杀毒软件;为手机设置访问密码是保护手机安全的第一道防线,可防止手机丢失导致信息泄露;手机废弃前应对数据进行完全备份,恢复出厂设置清除残余信息;对程序执行权限加以限制,非必要程序禁止读取通讯录等敏感数据。

思考与探究

1. 你在日常生活中遇到过哪些个人信息被盗用的事件？又是怎样应对的？
2. 如果你不小心打开了某个垃圾邮件中的链接，怀疑自己有信息泄露的可能，应该采取哪些措施避免造成更大的损失？

话题二　预防网络欺凌

情景导入

网民小张某天在社交媒体上发表了自己对一个热门话题的看法。起初，他只是出于好意，希望能与他人分享自己的想法和观点。然而，没过多久，他就发现自己的帖子下方涌现出大量恶意评论。这些评论不仅对他的观点进行曲解和攻击，有的甚至对他进行人身攻击，包括侮辱他的外貌、职业和家庭。随着时间的推移，情况愈演愈烈，一些网友开始"人肉搜索"，公开小张的个人信息，包括电话号码、家庭住址甚至工作单位等。小张开始收到骚扰电话和威胁信息，日常生活受到严重影响。小张感到无助和恐惧，不知道该如何是好。

这是典型的网络欺凌或网络暴力事件。网络暴力不仅会对受害者的心理健康造成严重伤害，还可能引发一系列社会问题，如恐慌、不信任和对网络空间的恐惧。它揭示了网络世界中存在的阴暗面，也提醒我们必须采取措施，加强对网络环境的监管，提高网民的法律意识和道德素养，共同营造健康、文明、安全的网络空间。

知识讲解

从个人角度出发，可以通过以下途径预防网络欺凌，减少网络暴力的发生。

一、提高自我保护意识

（1）学习和了解网络安全知识，提高识别网络欺凌的能力。
（2）保护个人隐私，不在公开场合分享敏感信息。
（3）使用隐私设置，限制陌生人查看个人资料和动态。

二、培养良好的网络行为

（1）在线交流时保持尊重和理性，避免使用攻击性语言。
（2）不传播未经证实的信息，不参与网络暴力。

三、学会应对策略

(1) 遇到网络欺凌时,保持冷静,不要回应或转发负面信息。

(2) 保存相关证据,如截图、聊天记录等,以备需要时使用。

典型案例

网络上的阴影——网络欺凌不可取

张明是某校学生,在一次课后活动中与同学吴鹏发生冲突。张明感觉自己吃亏了,于是产生了教训吴鹏的想法。他在社交网站上以虚假信息进行注册,并发布了有辱吴鹏的不实信息。随后,信息被不明真相的网友进一步传播、扩散,此举给吴鹏带来了很大的伤害。随着事态的进一步扩大,不堪其扰的吴鹏向公安机关报案。经过详细的调查取证,公安机关依法对张明进行了相应的处罚。

案例分析:

网络欺凌是利用数字技术进行的欺凌行为,即通过社交媒体、即时通信平台、游戏平台和手机等,以恐吓、激怒或羞辱他人为目的行为。这一现象在青少年中多有发生,且危害性相较于成年人可能更为严重。随着社交网站的盛行,网上欺凌开始演变成全球的浪潮,成为越来越严重的全球问题。网上欺凌会对人们造成巨大的心理伤害,影响人的健康发展和成长。

本案中的张明,因同学之间的矛盾,一时冲动,在网上攻击、诽谤他人。而他之所以做出这样的举动,就是因为法律意识淡薄,觉得这样的行为发生在虚拟的网络空间,并没有意识到这样的行为也是一种施暴,也会对他人人格甚至生命安全造成一定的伤害。与张明不同,本案中的受害人吴鹏就具有较强的法律意识,在面对网络欺凌时,敢于向公安机关报案,拿起法律的武器维护自己的权益。这样的做法值得其他遭遇网络欺凌的学生借鉴和学习。

依据《中华人民共和国民法典》等相关法律的规定,在网络制造和传播谣言的,依据情节承担法律责任,不构成犯罪的进行治安管理处罚,构成犯罪的追究刑事责任。作为新时代的青少年,为有效预防网络欺凌的行为,应做到"三不"。

(1) 不成为网络欺凌的始作俑者:网络欺凌不仅突破了道德底线,也是一种需要承担法律责任的不法行为。这要求我们不仅要通过道德约束来规范自己的言行,而且要不断提升自己的法律意识。

(2) 不成为网络欺凌的推波助澜者:遇到该类事件时,要冷静判断,不信谣,不传谣,不要在从众心理的驱使下,被别有用心的人利用,加速谣言的传播;更不要对当事人进行"人肉搜索",把别人的个人信息公之于众,进一步侵犯当事人的隐私权和名誉权。

(3) 不成为网络欺凌的受害者:遇到网络欺凌事件,不要害怕和逃避,要第一时间向家长和老师求助,或是向公安机关报警求助,以便维护自身的合法权益,彻底摆脱网络欺凌,而不是深陷其中,无法自拔。

思考与探究

1. 请列举至少三种网络欺凌的行为特征,并说明如何辨别这些行为是否构成网络欺凌。

2. 请提出至少三项提高学生网络媒介素养的建议,以帮助大家更好地识别和防范网络欺凌。

话题三　预防网络诈骗

情景导入

网络诈骗是指通过互联网进行的各种欺诈行为,诈骗者利用各种手段,如假冒网站、虚假广告、网络钓鱼等,骗取受害者的财产或个人信息。网络诈骗具有隐蔽性和欺骗性。诈骗者往往利用受害者的需求和欲望,设计各种陷阱,诱使他们上当受骗。网络诈骗不仅给受害者带来经济损失,还可能对其心理造成严重影响,甚至影响到他们的社会信任感和安全感。

知识讲解

对于网络诈骗的预防和打击,需要个人、社会、法律等多个层面的共同努力。个人需要提高警惕,加强自我保护意识;社会需要加强宣传教育,提高公众的防范能力;另外,结合不断完善的法律,加大对网络诈骗犯罪的惩治力度。通过这些综合措施,才能有效地预防网络诈骗,保护每个人的网络安全。为了有效预防网络诈骗,以下是针对个人的一些实用建议和措施。

一、提高警惕性和安全意识

(1) 了解常见诈骗手法:熟悉网络诈骗的常见手段,如钓鱼邮件、假冒网站、虚假广告、冒充官方机构等。

(2) 保持怀疑态度:对于未经验证的信息和请求保持警惕,不轻信"高回报""轻松赚钱"等诱人承诺。

二、保护个人信息

(1) 不轻易透露个人信息:不在不安全的网站上透露个人敏感信息,如身份证号、银行账户、密码等。

(2) 设置复杂密码：为不同的账户设置复杂且唯一的密码，并定期更换。

三、安全上网习惯

(1) 使用安全的网络连接：避免在公共 Wi-Fi 下进行网银操作或访问含有敏感信息的网站。

(2) 安装安全软件：在计算机和移动设备上安装防病毒软件和防火墙，并保持更新。

四、核实信息来源

(1) 确认发送方身份：在回复邮件、点击链接或提供个人信息前，确认发送方身份的真实性。

(2) 二次验证：在进行重要操作前，通过其他渠道核实信息的真实性，如直接拨打官方电话。

五、谨慎处理财务事务

(1) 警惕未知链接和附件：不点击来历不明的链接和附件，它们可能含有恶意软件或导向诈骗网站。

(2) 使用安全支付方式：在进行在线交易时，选择信誉良好的支付平台，并确保网站的安全性。

典型案例

"关心则乱"的网络诈骗

小姚是某校学生，某天，其父母突然收到一则用他的 QQ 账号发来的信息，该信息的发送者自称是小姚的同学张某，并称小姚因车祸受伤，急需 3000 元手术费。小姚父母爱子心切，未经核实，立即按对方要求转了账。事后得知，小姚安然无恙，正在教室上课，其 QQ 被骗子盗取了。

案例分析：

诈骗分子的行骗手法花样繁多，尤其是信息化的快速发展和普及更是给不法分子开辟了违法犯罪的新土壤，如假冒社交平台好友、网络钓鱼、网银升级诈骗等。这样的诈骗不仅会造成财产损失，也会加深社会信任危机，危害公共和社会安全。因此，我们要提高网络诈骗的防范意识和能力，谨防上当受骗。

在本案例中，骗子利用木马程序盗取小姚的 QQ 密码，熟悉对方情况后，冒充小姚同学对其家人以"出事故"急需用钱的紧急事情为由实施诈骗。而小姚父母在爱子心切的紧要关头，没来得及核实信息，直接落入诈骗分子的圈套。这样的事件屡见不鲜，究其原因，主要还是大家反诈骗知识的欠缺，防范意识的不足。在为小姚父母惋惜的同时，也要提醒自己的家人，遇到类似情况一定要提高警惕，及时与本人联系、核实，切忌轻易转账或汇款。

虽然网络诈骗手法多样、作案隐蔽，但只要学生能提高警惕，加强防范，牢记预防网络诈骗的"四要"和"七不"原则，就能在一定程度上预防财产被侵犯。

1. "四要"

转账前要通过电话等方式核实确认；手机和计算机要安装安全软件；QQ、微信要开启设备锁及账号保护，提高账户安全等级；在手机上要安装国家反诈App，留意系统弹出的防诈骗提醒。

2. "七不"

不要随意连接陌生的无线网络；不要向他人透露短信验证码；不要将支付密码与账号登录密码设为相同密码；不要将身份证号、银行卡号、密码、手机号等重要的个人信息保存在手机里；不要轻易打开陌生人提供的交易链接；不要下载安装未知的软件程序，避免木马和黑客程序窃取账号信息；不要相信陌生人的低价促销或购物返利等诱惑。

思考与探究

1. 除了教材中讲到的网络诈骗形式，你还知道哪些诈骗形式？

2. 结合你所查到的最新网络诈骗案例，分析网络诈骗手段的演变趋势，并尝试从技术、法律、教育三个维度提出创新的防控策略。讨论这些策略如何相互补充，形成有效的防诈骗体系。

话题四 预防网络成瘾

情景导入

网络成瘾是指在无成瘾物质作用下对互联网使用冲动的失控行为，表现为过度使用互联网后导致明显的学业、职业和社会功能损伤。网络成瘾不仅影响个体的日常生活和社会功能，还可能伴随其他精神心理问题，如焦虑、抑郁等。

知识讲解

一、网络成瘾的诊断标准

根据《中国青少年健康教育核心信息及释义（2018版）》，网络成瘾的诊断标准包括以下几个方面。

(1) 持续时间：一般情况下，相关行为需至少持续 12 个月才能被确诊为网络成瘾。

(2) 功能损伤：过度使用互联网后导致明显的学业、职业和社会功能的损伤。

(3) 失控行为：在无成瘾物质作用下，对互联网使用冲动的失控行为。

二、网络成瘾的预防

治疗网络成瘾通常需要综合考虑个体的心理状况和生活环境。治疗方法可能包括心理治疗、行为治疗、药物治疗等。而预防网络成瘾需要家庭、学校和社会的共同努力，包括提供健康的网络使用教育、建立正确的价值观、提供丰富的线下活动等。以下是关于网络成瘾预防的建议。

(一) 个人层面

(1) 自我管理：增强自我控制能力，合理安排上网时间，避免过度沉迷。培养多样化的兴趣爱好，丰富线下生活，减少对网络的依赖。

(2) 正确认识网络：理解网络的利弊，将网络作为学习和交流的工具，而非生活的全部。学会辨别网络信息，避免受到不良信息的影响。

(二) 家庭层面

(1) 家长应积极引导孩子正确使用网络，树立良好的榜样。

(2) 家长应与孩子建立良好的沟通，了解孩子的网络行为，提供必要的指导和帮助。

(3) 创造一个有利于孩子成长的家庭环境，鼓励孩子参与家庭活动和户外运动。

(4) 家长应监督孩子的网络使用，设定合理的上网时间和规则。

(三) 学校层面

(1) 网络教育：学校应开展网络教育课程，教授学生如何安全、健康地使用网络。应该组织丰富多彩的课外活动，引导学生将精力投入到更有益的事物上。

(2) 心理辅导：学校应提供心理辅导服务，帮助学生解决可能的心理问题，减少网络成瘾的风险。

(四) 社会层面

(1) 公共宣传：通过媒体、公益活动等方式，提高公众对网络成瘾的认识。倡导健康的网络文化，营造良好的网络环境。

(2) 政策支持：政府应出台相关政策，加强对网络游戏、社交媒体等的监管。支持网络成瘾的研究和治疗，提供专业的治疗和咨询服务。

(五) 技术层面

(1) 技术手段：利用家长控制软件等技术手段，帮助家长管理孩子的网络使用。开发和推广有助于预防网络成瘾的应用程序和工具。

(2) 网络服务提供商责任：网络服务提供商应承担社会责任，提供健康的网络内容，设置防沉迷系统。

🔒 典型案例

容易迷失的虚拟世界

小张今年15岁,从初一开始拥有自己的计算机,学习之余,偶尔也会玩一玩流行的游戏。起初小张还有节制,慢慢地,他开始沉迷于网络游戏,上网时间越来越长。父母察觉后,便对其上网次数和时间进行控制,而小张也与其父母展开了"控制"与"反控制"的斗争。随着家庭矛盾的不断升级,小张的上网行为也更加严重,经常在父母入睡后偷偷上网,直至凌晨才去睡觉,以致白天上课无精打采。久而久之,小张的成绩一落千丈,身体状况也令人堪忧。

案例分析:

青少年网瘾作为当前社会一种较普遍的现象,不仅会危害青少年自身的发展,甚至会对家庭和社会产生较大影响,网瘾造成的悲剧不胜枚举。因此,针对青少年网瘾问题,必须综合分析其成因,有针对性地采取措施,协助青少年树立良好的世界观、人生观、价值观,帮助他们从对互联网的痴迷和依赖中解脱。

在本案例中,小张同学就是当代网瘾少年的典型代表。他从小接触电子产品,沉迷于网络游戏带来的愉悦和刺激感,对网络的依赖与日俱增,直至对其正常的生活和学习造成影响。他的网络成瘾有多方面的原因,不仅和他个人的自制力以及家长的教育方式有很大关系,也和整个社会大环境的影响密切相关。要想彻底消除这种现象,需要多方协同合作,共同努力,为青少年的健康成长创造清净明朗的网络环境。

学生要认识到网络成瘾的危害性,并通过积极的行动,有效预防网络成瘾。具体来说,可以从以下几点做起。

1. 勇敢正视压力和情绪

在学业压力较大、有烦恼苦闷的情绪时,要对网络游戏、网络聊天有正确的认识,保持行动的自控;在出现沉迷网络的念头时,要有"我一定能戒除"的信念;积极和亲友师长进行交流沟通,及时化解压力,消除不良情绪。

2. 发展自己的兴趣爱好

要树立远大理想,把注意力放在文化知识和专业技能的学习上;学习之余,可以拓展自己的兴趣爱好,如打球、游泳、逛街和好朋友聊天等。总之,要摒弃在网络世界里寻找认同感、归属感的想法,消除网络对自己的诱惑。

3. 保持和谐的家庭关系

部分学生家庭关系不和谐或与父母之间存在沟通障碍,导致他们倾向于借助网络来逃避,发泄对现实的不满,长此以往,便形成了对网络的依赖。因此,要保持和谐的家庭关系,增加与父母的交流和沟通,让家人成为自己成长路上最坚实的后盾。

4. 合理有效地利用网络

上网时要自觉遵守网络文明公约,远离网络成瘾;善于上网学习,不浏览不良信息;诚实友好交流,不在网上侮辱欺诈他人;增强自护意识,不随意约会网友;维护网络安全,不破坏网络秩序。

思考与探究

1. 收集网络成瘾的典型案例,制作一份演示文稿,进行预防与矫正网络成瘾的宣传教育。

2. 通过资料查阅,分析网络成瘾中蕴含的心理学机制,从心理学角度,给出心理干预的实践策略。

06 模块六

卫生安全

在日常生活中,人们时常会遭遇饮食问题及各类疾病的侵袭,给人身安全造成侵害,轻则导致身体不适,重则损害身体,甚至导致伤残和死亡。如果饮食问题和各类疾病发生在学校,就会影响学生的学习、生活。因此学校应积极做好卫生安全和疾病防控工作,有效保护学生的安全和权益,保障学生身体健康、学习顺利。

习近平总书记曾指出:"人民安全是国家安全的基石。突发急性传染病往往传播范围广、传播速度快、社会危害大,是重大的生物安全问题。我们要强化底线思维,增强忧患意识,时刻防范卫生健康领域重大风险。"我们必须持续提升人民群众的卫生健康素养,教育引导民众养成良好的生活习惯,提高自我防护能力,这对于防范突发急性传染病至关重要。

本模块将从卫生健康常识、常见传染病的预防与应对、食物中毒的预防与应对三个方面进行阐述,帮助学生建立科学的卫生健康习惯,增强对传染病和食物中毒的防范意识,并掌握正确的应对措施。

话题一　卫生健康常识

情景导入

绝大多数传染病都是由于不讲卫生而导致的。在日常生活中,至少应做到"四勤""四自""四不"。"四勤"是指勤洗头、勤理发、勤洗澡、勤换衣;"四自"是指自己应固定有一套毛巾、牙刷、手绢和茶杯;"四不"是指不随地吐痰、不对别人咳嗽、不抠鼻揉眼、不乱扔垃圾。

知识讲解

一、什么是健康

世界卫生组织认为健康包括躯体健康、心理健康、社会适应良好和道德健康四个方面,形成了四维健康观。身体健全、情感理智和谐,并能很好地适应社会环境,这是当代健康人的必备条件。

二、健康饮食的重要性

健康饮食是保健的一个重要方面,对于身体健康生长、发育,以及预防疾病、促进疾病治疗有着重要作用,还能帮助人体恢复健康。

(一) 不暴饮暴食

暴饮暴食不但会引起胃肠功能紊乱,还会诱发各种疾病,如急性胃扩张、胃下垂等。大量油腻食物的摄入会迫使胆汁和胰液大量分泌,增加发生胆道疾病和胰腺炎的风险。吃饭时不能囫囵吞枣,食物来不及在嘴里咀嚼,产生不了更多的酶来消化食物,会极大增加胃部负担,容易导致胃炎和胃溃疡。因此,吃饭必须细嚼慢咽,吃到七至八分饱。同时,需注意饮食清淡,食盐摄入量过大,会造成心脏和肾脏的负担,还会引起高血压等疾病。

(二) 不吃过期及变质的食物

有些食物超过保质期的时间不长,看起来没有变质,这种情况下人们往往觉得弃之可惜而继续食用。殊不知此时食物成分已经发生了变化,食用它们,既摄取不到足够的营养,又可能造成食物中毒。

超过保质期较长的食品,容易腐烂变质,并散发出异味,如水果放置时间太长就容易发霉。此时,食物中各种微生物不断繁殖,产生大量有毒物质,这些有毒物质会向未腐烂部分扩散。人们一旦食用了这些腐烂食物,其中的毒素就会对人体呼吸、神经等系统形成威胁,食用后会出现恶心、呕吐、腹胀等情况,严重的还会出现其他中毒症状。因此在购买食品时应检查食物包装上的生产日期和保质期,千万不要贪图便宜购买过期的食品或饮料。购买食品之后应在保质期内尽快食用,一旦发现过期,应果断丢弃。

(三) 不购买不卫生的食物

在校园附近或街道两旁,经常有出售油炸、烧烤类食品的小摊贩。许多学生抵制不了香气扑鼻的诱惑而光顾这些没有食品经营许可证和卫生证的摊点。

流动摊点的食物不但不卫生,所用原材料也没有经过严格的清洗或消毒程序,而且多以出售烧烤、油炸类食物为主,过量食用此类食品对人体的危害是很大的。有些商贩为了达到赢利目的,甚至违背基本的职业道德,向路人兜售过期变质的饮料和食物。

三、讲卫生是预防传染病的最佳措施

传染病影响着众多人的健康,有的传染病暴发性强、病死率高,在集体生活中容易突然大面积流行,对人的生存有很大威胁。

(一) 一口痰到底有多脏

痰是呼吸道的垃圾,由呼吸道分泌的黏液,吸进肺里的灰尘、烟尘、细菌、病毒、真菌,呼吸道及肺组织的脱落细胞、坏死组织、血球、脓性物等组成。

在所有人体的分泌物中,痰所传播的疾病最多。痰中含有几百种细菌、病毒和真菌。已发现的鼻病毒共有120多种,几乎全部生活在呼吸道内;结核病90%以上由呼吸道传播。

此外,还要注意咳嗽、打喷嚏时要讲文明。流感、非典型性肺炎、流脑、麻疹、风疹、腮腺炎、水痘和肺结核等疾病,都是通过空气飞沫传播的。因此,咳嗽、打喷嚏时要用手帕(手纸)掩住口鼻,并及时洗手。

随地吐痰是不文明和不道德的行为,也是愚昧和落后的表现,这种行为不仅会破坏公共卫生,还会散布传染病的病原体,危害他人健康。喉咙痒的时候应该想想,你的一口"小不忍",是对多少人的"大不敬"。

(二) 洗手为什么重要

人的双手在职业活动和日常生活中会与各种各样的东西接触,不但会沾染灰尘、污物,有时还会沾染有害有毒的物质,更会沾染微生物、细菌、病毒。一只未洗的手上会黏附无数的细菌,如果洗不干净手,后果不堪设想。

(1) 要做到勤洗手。饭前饭后、便前便后、吃药之前,接触过血液、泪液、鼻涕、痰液和唾液之后,做完扫除工作之后,接触钱币之后,室外活动、户外活动、劳动作业、购物之后都要洗手;在接触过传染病患者或患者的用品之后,更要反复洗手。

(2) 要做到会洗手。正确的洗手程序通常应包含以下五个步骤。

① 湿:在水龙头下把手充分淋湿,包括手腕、手掌和手指部位。

② 搓:双手擦肥皂,使之充分起泡,两手交叉搓双手的各个部位,应洗到腕部以上并注意用工具剔除指甲内污垢。

③ 冲:用清水将双手彻底冲洗干净。

④ 捧:捧水将水龙头冲洗干净。因为洗手前开水龙头时,手已污染了水龙头,故要在关闭水龙头前捧水冲洗它。

⑤ 擦:不与他人共用毛巾,防止细菌交叉感染。

(三) 室内空气要常换

学生长期在教室、宿舍内生活,要注意防止室内空气污染。许多人有这样的体验:在门窗紧闭的室内待上一夜或几个小时会感到头昏脑涨、精神萎靡不振。如果经过一夜的睡眠,早上起来立即打开门窗,就会感到很舒服。一个人在一整晚的睡眠中会呼出大量二氧化碳,如果门窗紧闭,房间里的氧气浓度会逐渐降低,容易造成大脑缺氧,严重影响身体发育。实验表明,室内每换气一次,可除去室内空气中原有有害气体的60%。打开门窗可以让外面的新鲜空气充分和室内的浑浊空气进行交换,一般情况下,打开门窗30分钟,可以使60立方米的房间空气得到更新。

即使天气比较冷,也应注意教室、宿舍的通风。每天开窗通风的次数以早、中、晚三次各通20分钟为宜。在呼吸道传染病流行期间,一般要求每2~3小时通风一次,每次时间为30分钟。

典型案例

健康饮食,关爱生命

一天早上,小张同学起床晚了,眼看快要迟到了,他拿起桌上的面包啃了两口就匆匆忙忙地赶往学校。刚到十点,小张就饿得肚子咕咕叫,完全没有心思上课,下课铃一响他就匆匆赶往食堂,狼吞虎咽地吃饭。下午,小张突然腹部疼痛难忍,到医院检查发现得了胃溃疡。原来小张经常不吃早饭,午饭和晚饭也不规律。

案例分析:

小张同学的饮食习惯是不健康的,不良的饮食习惯会导致人体生理功能紊乱,从而患病。本案例中,小张就是因为长期的饮食不规律导致慢性胃炎、胃溃疡的发生。学生应熟悉健康饮食的意义,了解不良饮食习惯的危害,掌握健康饮食知识,养成良好的饮食习惯,从而逐步形成关注健康、关爱生命的人生观、价值观。

思考与探究

1. 日常生活中,哪些行为有助于保持良好的个人卫生习惯?
2. 观察你周围的亲戚、朋友或家人,找一找他们存在哪些饮食习惯方面的问题,给他们提出建议。

话题二 常见传染病的预防与应对

情景导入

某同学上课时突然发现上身有红色斑点,自感全身乏力,并伴有低热。该同学向班主任请假休息,班主任怀疑该同学染上水痘,立即将其送往医院,并联系其家长说明情况,同时指导学生做好教室卫生工作,开窗通风。后来,该同学被确诊感染水痘,班主任随即将有关情况上报上级主管部门。

知识讲解

一、什么是传染病

传染病是由各种病原体引起的,能在人与人、动物与动物、人与动物之间相互传播的一类疾病。病原体可以是微生物或寄生虫,包括细菌、病毒、真菌、寄生虫等。

二、传染病的传播方式

(1) 接触传染:易感人群直接接触传染源,如握手、拥抱等;或者接触被病原体污染的物品,如门把手、电梯按钮等,导致感染。

(2) 空气传播:病原体会通过咳嗽、打喷嚏等方式释放到空气中,易感人群吸入后导致感染。

(3) 食物和水源传播:病原体会污染食物或水源,易感人群摄入后导致感染。

三、常见的传染病及预防

(一)流感

流感是一种由流感病毒引起的呼吸道传染病,其通过空气飞沫传播,具有高传染性和快速传播性。流感的症状包括发热、咳嗽、喉咙痛、流鼻涕、头痛、肌肉疼痛和疲乏等。流感的预防措施包括接种流感疫苗、勤洗手、避免接触患病者、生病时居家休息等。

(二)水痘

水痘是由水痘-带状疱疹病毒引起的皮肤病,通过直接接触患者或接触患者的污染物传播。水痘的症状包括发热、不适、头痛、喉咙痛和瘙痒等,随后出现水疱样皮疹,通常在身体和面部出现。水痘的预防措施包括接种疫苗、勤洗手、避免接触患病者、保持室内空气流通等。

(三) 猩红热

猩红热是一种由链球菌引起的传染病,主要通过飞沫传播。猩红热的症状包括发热、头痛、喉咙痛、呕吐、杨梅舌、皮疹等,皮疹通常为弥漫性红色丘疹,且伴随有皮肤脱屑。猩红热的预防措施包括勤洗手、避免接触患病者、保持室内空气流通、接种疫苗等。

(四) 流行性腮腺炎

流行性腮腺炎是由腮腺炎病毒引起的急性呼吸道传染病,病原体主要通过飞沫传播,密切接触者亦可能通过接触表面被病毒污染的衣服、书本、玩具等感染。流行性腮腺炎的症状包括腮腺非化脓性炎症、腮腺区肿痛,患者腮腺肿大前7天至肿大后9天的约2周内,具有较强传染性。流行性腮腺炎的预防措施包括接种流行性腮腺炎减毒活疫苗,室内注意通风以保持空气流通,家里用0.2%过氧乙酸消毒等。流行期间不要参加大型集体活动,减少到人员拥挤的公共场所,必须出门时应戴口罩。

(五) 麻疹

麻疹是由麻疹病毒引起的急性呼吸道传染病,主要通过飞沫直接传播。麻疹的症状包括发热,全身不适,食欲减退,咳嗽,打喷嚏,流涕,眼结膜充血、畏光、流泪,口腔黏膜出斑,皮肤斑丘疹等。麻疹的预防措施包括接种麻疹疫苗、搞好环境卫生、保持室内通风、尽量避免到人多拥挤的公共场所、不与病人接触等。

(六) 肺结核

肺结核又称"肺痨",是由结核分枝杆菌引起的慢性呼吸道传染病,主要通过呼吸道传播。肺结核的症状包括体重减轻、胸痛、胸闷、低热、乏力等全身症状,以及咳嗽、咳痰、咳血等呼吸系统表现。肺结核的预防措施包括接种卡介苗、避免接触患病者、保持良好的生活规律、勤锻炼、合理饮食等。

🔒 典型案例

某学校某班级发现一名学生出现高热,伴有咳嗽、流涕、眼结膜充血、畏光等症状,随后其皮肤出现红色斑丘疹。班主任怀疑该学生染上了麻疹,立即将学生送往医院,联系家长说明情况,并指导学生做好教室通风、消毒等卫生工作。后经诊断,该学生被确诊为麻疹。班主任及时将疫情上报。

案例分析:

从早期症状上看,该生可能感染麻疹,班主任的处置及时且正确。麻疹具有传染性,应及时做好教室卫生,观察其他同学有无类似症状,并将情况上报。

思考与探究

1. 哪些措施可以有效预防流感等呼吸道传染病？
2. 如果班级出现了一名水痘患者，同学们该如何应对？

话题三 食物中毒的预防与应对

情景导入

某学校部分学生在饮用学校配发的早餐奶后，出现胃部疼痛、呕吐等症状，立即被送往当地医院救治。随后，附近几所学校的多名学生也出现了类似症状。据统计，有超过百名学生出现食物中毒症状就诊，其中27人留院观察。

据了解，这些学校配发的早餐奶都是由该市一家公司配送的。事故发生后，当地市场监督管理部门已成立联合调查组，封存剩余牛奶并进行进一步调查。

知识讲解

一、什么是食物中毒

食物中毒是指摄入了含有生物性、化学性有毒有害物质的食品，或把有毒有害物质当作药物摄入后出现的非传染性（不属于传染病）的急性、亚性疾病。

二、食物中毒的分类

根据病原体的不同性质，食物中毒可分为以下四类：细菌性食物中毒、真菌性食物中毒、动物性食物中毒和植物性食物中毒。

（1）细菌性食物中毒：这是最常见的食物中毒类型，是由于摄入被细菌及其毒素污染的食物而引起。常见的致病菌有沙门氏菌、副溶血性弧菌、金黄色葡萄球菌、大肠杆菌等。

① 表现：多在进食后数小时至数天内发病，症状包括恶心、呕吐、腹痛、腹泻等，严重者可出现发热、脱水、休克等。

② 预防：严格遵守食品卫生操作规范，如保持食品加工环境清洁、食品充分煮熟、生熟分开等。

（2）真菌性食物中毒：主要是由于食用了被真菌污染的食物，常见的真菌有黄曲霉、镰刀菌等。

① 表现:可能出现恶心、呕吐、腹痛、腹泻等消化系统症状,有些真菌毒素还可能对肝脏、肾脏等器官造成严重损害。

② 预防:注意食品的储存条件,避免食品受潮、霉变,不食用霉变的食物。

(3) 动物性食物中毒:因食用有毒的动物或动物体内含有毒素的组织器官而引起,如河豚中毒、贝类中毒等。

① 表现:河豚中毒主要表现为口唇、舌尖、手指麻木,恶心、呕吐、腹痛、腹泻等,严重者可导致呼吸麻痹、死亡。贝类中毒主要表现为恶心、呕吐、腹泻、四肢肌肉麻痹等。

② 预防:不食用来源不明或未经正确处理的有毒动物,对贝类等海产品要选择正规渠道购买,并在食用前确保其新鲜、无毒。

(4) 植物性食物中毒:因食用有毒的植物或摄入植物中含有的天然毒素而引起。如毒蘑菇中毒、四季豆中毒、发芽土豆中毒等。

① 表现:毒蘑菇中毒症状多样,可表现为恶心、呕吐、腹痛、腹泻、幻觉、抽搐等,严重者可危及生命。四季豆中毒主要表现为恶心、呕吐、腹痛、腹泻等消化系统症状。发芽土豆中毒可出现咽喉瘙痒、烧灼感、胃肠炎症状,严重者可出现呼吸困难、抽搐等。

② 预防:学会识别有毒植物,不采摘、不食用野生蘑菇,将四季豆煮熟煮透,避免食用发芽的土豆。

三、如何预防食物中毒

学生不仅要积极支持学校食堂的卫生工作,还要养成个人饮食卫生的良好习惯。例如,饭前、便后要洗手,认真用肥皂洗净,减少"病从口入"的可能;餐具要卫生,每人要有自己的专用餐具,饭后将餐具洗干净存放在干净的塑料袋内或纱布袋内。

在食堂买饭菜不要过量,现吃现买,不要剩一些下顿再吃,隔夜变味的饭菜会让人食物中毒。食用在常温下已存放 4~5 小时的食物极不安全,这是因为烹调好的食品冷却至室温时,微生物就会开始繁殖,放置的时间越长,危险性就越大。当微生物繁殖到一定的数量或繁殖过程中产生毒素时,可致进食者中毒,所以应趁热进食,刚煮好的食品可缩短微生物的繁殖时间。

在外就餐时,不到无证经营、卫生条件差的饮食摊点上吃喝,要去卫生条件好、管理严格的饭馆;就餐时如有异味要马上停止食用;自己加工食物,如豆类、蔬菜等要煮熟,要注意分开生、熟食品,切过生食的刀和案板没洗净的一定不能再切熟食,摸过生肉的手一定要洗净后再去拿熟肉,避免生、熟食品交叉污染;不随便吃野菜、野果,其中有的含有对人体有害的毒素,缺乏经验的人很难辨别清楚。

有些学生爱吃零食,要注意不购买街头小摊贩出售的劣质食品、饮料,不购买无品名、无厂家、无生产日期的食品,不吃过期、变质的食品。此外,要抵御"好看"零食的诱惑,因为制造"好看"的食品往往使用了过多的人工合成色素、香精、防腐剂等食品添加剂,这些东西食用过量会使人患病。把食品储藏于密闭容器中,避免苍蝇、蟑螂和其他动物把致病的微生物带到食物上。

夏天用药物灭蚊蝇时,要先将食品盖好、放好,以免被药物污染。敌敌畏、杀虫剂和灭鼠药等不能放在一起。妥善使用、保管含有有毒物质的物品(如温度计、体温计等),防止损坏导致毒物外泄。服用药品时一定要遵照医嘱服用,千万注意不要超剂量服用,以免造成药物中毒。几种药物同时服用时要遵循医嘱,以免产生副作用。

四、食物中毒出现的症状及应急措施

食物中毒者最常见的症状是剧烈呕吐、腹泻,同时伴有中上腹部疼痛。食物中毒者常会因上吐下泻而出现脱水症状,如口干、眼窝下陷、皮肤弹性消失、肢体冰凉、脉搏细弱、血压降低等,甚至休克。

食物中毒发生后,千万不要恐慌,应采取以下应急措施。

(1) 呼救:立即拨打120急救电话呼救,将中毒者送到医院救治。

(2) 饮水:立即饮用大量干净的水,对毒素进行稀释。

(3) 催吐:用手指压迫咽喉,尽可能将胃里的食物吐出。

(4) 将引起中毒的饮食进行有效处理,避免更多的人受害。

典型案例

食 物 中 毒

一天早晨,李同学在上学的路上从小贩那里买了一袋辣条,边赶路边吃。刚开始,李同学没有什么异常感觉,但上课半个多小时后突然肚子疼、恶心、头晕、腹泻,额头直冒冷汗。在场的王老师立即拨打120急救电话,并详细了解李同学此前的进食情况。经及时送医抢救,李同学最终脱离了危险。经检查化验发现,李同学吃的辣条已经过期变质,含有大量病菌,系未注明生产厂家和出厂日期、保质期的伪劣食品。根据相关症状表现初步判定李同学是食物中毒,主要原因是食用过期变质食物。

案例分析:

该案例提醒我们应该增强自我保护意识,多学习食品卫生常识,食用健康、安全的食物。一旦发生食物中毒可采取催吐的方法,并及时拨打120急救电话,送中毒者及时就医。

思考与探究

1. 如果怀疑自己食物中毒了,应该采取哪些措施?

2. 请结合实际生活,谈谈如何更好地预防食物中毒。

模块七 07

实习就业安全

作为实习就业的一大主体,职业院校学生在实习就业过程中可能会遇到一系列问题。若实习就业安全得不到保障,将严重影响学生的个人职业发展乃至社会的和谐进步。

2021年4月召开的全国职业教育大会提出,要健全实习实训等职业教育教学标准体系,进一步实化学生学习实训环节,提高技能供给质量;2021年10月,中共中央办公厅、国务院办公厅印发《关于推动现代职业教育高质量发展的意见》,对鼓励企事业单位参与实习、规范实习管理提出明确要求;2022年,教育部等部门联合印发新修订的《职业学校学生实习管理规定》,对规范和加强职业学校学生实习工作做出规定。

本模块主要从实习就业安全常识、职业病预防与应对、实习就业安全事故预防与应对三个方面入手,引导学生学习在实习就业过程中需要掌握的安全常识,学习如何预防和应对职业病及安全事故,以此提升安全防范和突发事件的应对能力。

话题一 实习就业安全常识

情景导入

小王,某职业院校应届毕业生。毕业季,小五由于着急找到工作,没来得及仔细推敲合同条款就与某公司签署了协议,结果不但失去了这份工作,还付了一笔违约金。小王说,他12月与公司签合同时还未毕业,但公司要求他进入实习期。在4个月的实习期里,他卖力工作,起早贪黑,却只能得到300多元的"实习工资"。来年5月,他以为工作已经落实,打算回学校修完剩下的一些课程,9月再回公司正式上班。但当他向公司请假时,公司却以合同中"工作前两年不得连续请假一周以上"的条款为由,认定他违约,向其索要违约金。小王只好交了2000元的违约金。

知识讲解

一、毕业实习安全

(一)毕业实习的概念

一般而言,学生毕业实习是指应届毕业学生到用人单位参加社会实践,将所学的理论知识在实际工作中加以运用和检验,以提高自身综合素质,增强就业能力的学习过程。

对学校来说,毕业实习是整个教学过程中重要的实践课程,其目的是提高学生思想品德素质,规范学生从业言行,巩固学生专业知识和扩大知识面,提高基本操作能力和就业能力,使理论联系实际,成为德、智、体全面发展的有理论、能操作、会管理的实用型人才。

(二)毕业实习与兼职打工、见习的区别

1. 学生毕业实习与在校学生利用课余时间兼职打工或勤工助学的区别

学生毕业实习主要是教学实习,是在校学生根据学校教学安排,到用人单位参加一定的岗位工作,进行学习实践的活动。而兼职打工或勤工助学者虽然有其在校学生的身份,并且在很多情况下以实习的名义进行,但其目的纯粹是打工赚钱,它与实习的根本区别并不在于学生是否获得实际劳动报酬,而在于是否具有实习本来所应具有的学习目的。

2. 学生毕业实习与用人单位对聘用人员进行就业岗前培训见习的区别

见习虽然也带有实践性学习的性质,但毕业实习不以实习人员与用人单位建立劳动关系为前提,而是学生出于学习的需要在用人单位进行社会实践的行为。此外,见习有时也被称为实习,但它是建立在实习人员与用人单位存在劳动合同关系的基础上,参加特定的岗前专业技能训练,目的在于增强以后从事这些专业工作的熟练度。

3. 学生毕业实习应当包括就业见习

所谓"就业见习",是指由各级政府有关部门组织离校后未就业毕业生到企事业单位实践训练的就业扶持措施。我国从2006年起开始有计划地组织未就业高校毕业生到见习单位和基地参加见习,目的是帮助回到原籍,尚未就业的毕业生尽快实现就业。可见,参加就业实习的毕业学生与实习单位尚未形成固定的劳动就业关系,与岗前培训的见习有着根本的不同,从性质上应当属于学生实习的范畴。

二、毕业实习安全注意事项

高度重视实习安全教育工作并积极落实到位,是学生顺利毕业并走上社会的重要保障。

(一) 前往教学实习基地路途中的安全注意事项

学生教学实习基地遍布全国各大城市,涉及汽车、火车、飞机、轮船等交通工具。学生在前往基地途中,须遵守规章制度、听从带队老师安排。

1. 汽车途中

汽车空间较为狭窄,学生上车后务必要坐好,遵守"三不"原则,即不争抢、不吵闹、不走动。

2. 火车途中

火车是学生前往实习单位使用最多的交通工具,虽然火车车厢舒适,行驶安全性较高,但仍要注意多方面的安全。

3. 飞机途中

听从老师统一安排;飞机上严禁高声喧哗、随意走动、嬉戏打闹;刀具等危险品,酒、香水等易燃物品不能随身携带,必须在办理登记手续时托运。

4. 轮船途中

乘坐轮船切忌乱蹦乱跳、嬉戏打闹;如出现头晕、恶心、胸闷等晕船现象一定要及时告诉带队老师;注意保管好随身贵重物品,防止其被偷窃。

(二) 实习期间的安全注意事项

1. 遵章守纪,服从企业正当工作安排

实习学生应在企业的指导下全面学习和掌握工作性质、工作时间、工作地点、工作内容、工作要求,严格按照企业要求认真完成本职工作,不得违背企业在规章制度中明确规定的事项,如不得进入配电房、监控室,不得未经允许下海游泳等,这些往往容易被学生忽略,以致造成自身利益受损甚至人身危险。

2. 操作规范,安全生产

规范操作、安全生产是所有企业在安全教育中强调得最多、最关注的方面。作为实习学生,更应该注意操作中的安全,它不仅关系到自己的人身安全,还牵动着父母、学校领导、企业领导的心。古人有言:"患生于所忽,祸起于细微。"它告诉我们一个道理,事故往往是由于人们的疏忽大意及不重视可能发生事故的细微苗头导致的,也许就是某个细小的部位,短暂的几秒就会让我们抱憾终身。

3. 休假外出安全

学生初到实习城市时,往往比较陌生,外出游玩要提前做好交通规划,结伴而行,尽量在天黑前返回住地;出门尽量少带钱物,贵重物品,如照相机、手机、钱包等一定要注意保管,人多的地方要提高警惕;尽量少与陌生人交谈,以免上当受骗,陷入危险;遇到抢劫、偷窃等危险情况,要大声呼救或拨打110报警电话,不要轻易与坏人搏斗或追赶,以免被利器刺伤或遭遇更大危险。

4. 生病及时就医

学生出门在外,工作、生活压力都比较大,引发身体疾病在所难免,如果生病,一定要及时就医并遵照医嘱按时服药。如病情较严重,务必向企业请假或向学校报告,及时休息调养和治疗。保持身体健康是提高工作效率的前提条件。

5. 提高个人素质与修养

遵守企业规章制度,不能贪小便宜,不能为金钱所诱惑,否则会给自己的职业生涯"抹黑";对领导要尊重,对同事要团结,不能因为是同一所学校的实习生就搞小团体;对人要有礼貌,言语适当,态度温和,不能过于强硬,不能自以为是,否则很容易被领导批评,被同事孤立。

6. 了解相关法律和学校规章制度

教育部有关实习生管理的文件明确规定,实习生应当严格遵守学校和实习单位的规章制度,服从管理。未经学校批准,不准擅自离开实习单位。不得自行在外联系住宿。违反实习纪律的学生,应接受指导教师、学校和实习单位的批评教育。情节严重的,学校可责令其暂停实习,限期改正。

三、实习期间劳动事故处理

如果实习期间发生实习事故,应按以下方法进行处理。

(1) 被划伤、切伤时,应迅速用干净毛巾、纸巾包扎伤口,止住流血,并立即前往医院;如果被铁质利器所伤,还应到医院打破伤风针。

(2) 不慎从高处或从楼梯上滚落扭伤关节、碰伤骨头时,切记不能随意移动,应保持着地姿势,并拨打急救电话。

(3) 发现他人触电时,要迅速切断电源,千万不要用手去拉触电者,应设法用绝缘体挑开电线。

(4) 如果手指轧入工作机械,或头发、衣角卷入机械时,应立即关闭机械;如发生断指、断臂等情况,应紧急包扎受伤处止血,并迅速拾起断指、断臂等,清洗后浸入生理盐水,并立即送往医院救治。

（5）发生事故一定要冷静，应尽快通知单位领导和学校老师，以得到妥善处理。

典型案例

一则利用求职信息实施的诈骗

李先生最近遇到一件烦心事，他在桂林的家中接到一个电话，称其在外地上学的儿子出了车祸，正在医院紧急抢救，急需手术费5万元。李先生闻讯立刻拨打儿子电话，可怎么也打不通。正在此时，一个自称是儿子学校领导的人又打来电话，说他儿子确实出了车祸，还留了一个账号让李先生转账。听到儿子学校也打来电话，李先生相信儿子真的出事了，连忙给对方转了5万元。几小时后，李先生终于打通了儿子电话，才知道自己被骗了。原来儿子前不久在网上发布了一则求职信息，有人自称是某公司经理，想招聘他做兼职，让他填写应聘表格。儿子没多想就在表格中详细填写了家庭地址、父母情况、联系方式等信息。谁知道对方招聘兼职是假，骗取家庭信息实施诈骗是真。

案例分析：

毕业生就业压力大，求职心切，但千万不能大意，在填写相关应聘表格时没有必要留下家庭信息，尤其是联络电话等，骗子往往利用假招聘套取应聘者信息，从而实施诈骗。家人稍不注意，就可能落入陷阱造成损失。遇到类似情况时，不要轻信，不要乱了方寸，可向单位、学校查实后再做出相应决定。

思考与探究

1. 怎样避免求职时上当受骗？
2. 怎样在实习中保护自己的人身安全？
3. 签订劳动合同时要注意哪些方面？

话题二　职业病预防与应对

情景导入

我国是世界上劳动人口最多的国家，就业人员总数超过7.3亿，其中有超2亿人从事接触职业病危害作业。加强对劳动者的健康保护，有效预防和控制职业病危害，对提高劳动者健康素质、促进经济社会可持续高质量发展十分重要。

国家卫健委相关数据显示:2022年全国报告新发职业病病例数比2019年下降40%,我国尘肺病等重点职业病高发势头得到进一步遏制。国家卫健委自2021年起全面部署"十四五"期间职业病危害专项治理工作,目前全国各地已经将18.5万家企业纳入了专项治理范围,其中有7.1万家企业已经完成了治理。从2019年开始,职业病及危害因素监测覆盖所有职业病病种,也就是十大类132种职业病全覆盖,县区覆盖率达到95%。以中小微型企业为重点,共监测企业31.4万家。在全国分三批建设了829个尘肺病康复站,已经为患者提供就近免费健康康复服务120多万人次,初步构建起"省市鉴定、地市诊断、县区体检、乡镇康复"的职业病诊疗康复体系。

知识讲解

一、职业病

(一) 职业病的定义

根据《中华人民共和国职业病防治法》规定,职业病是指企业、事业单位和个体经济组织等用人单位的劳动者在职业活动中,因接触粉尘、放射性物质和其他有毒、有害因素而引起的疾病。

在生产劳动中,接触生产中使用或产生的有毒化学物质、粉尘气雾、异常的气象条件、高低气压、噪声、振动、微波、X射线、γ射线、细菌、霉菌,长期强迫体位操作,局部组织器官持续受压等,均可引起职业病,这类职业病一般称为广义的职业病。其中某些危害性较大,诊断标准明确,结合国情,由政府有关部门审定公布的职业病,称为狭义的职业病,或称法定职业病。

(二) 职业病的分类

2013年12月23日,国家卫计委、人力资源和社会保障部、安全监管总局、全国总工会四部门联合印发《职业病分类和目录》,自印发之日起施行。该文件将职业病分成以下10类。

1. 职业性尘肺病及其他呼吸系统疾病

(1) 尘肺病:矽肺、煤工尘肺、石墨尘肺、炭黑尘肺、石棉肺、滑石尘肺、水泥尘肺、云母尘肺、陶工尘肺、铝尘肺、电焊工尘肺、铸工尘肺,以及根据《尘肺病诊断标准》和《尘肺病理诊断标准》可以诊断的其他尘肺病。

(2) 其他呼吸系统疾病:包括过敏性肺炎、棉尘病、哮喘、金属及其化合物粉尘肺沉着病(锡、铁、锑、钡及其化合物等)、刺激性化学物所致慢性阻塞性肺疾病、硬金属肺病。

2. 职业性皮肤病

职业性皮肤病包括接触性皮炎、光接触性皮炎、电光性皮炎、黑变病、痤疮、溃疡、化学性皮肤灼伤、白斑,以及根据《职业性皮肤病的诊断总则》可以诊断的其他职业性皮肤病。

3. 职业性眼病

职业性眼病包括化学性眼部灼伤、电光性眼炎、白内障(含辐射性白内障、三硝基甲苯白内障)。

4. 职业性耳鼻喉口腔疾病

职业性耳鼻喉口腔疾病包括噪声聋、铬鼻病、牙酸蚀病、爆震聋。

5. 职业性化学中毒

职业性化学中毒包括铅及其化合物中毒(不包括四乙基铅)、汞及其化合物中毒、锰及其化合物中毒、镉及其化合物中毒、铍病、铊及其化合物中毒、钡及其化合物中毒、钒及其化合物中毒、磷及其化合物中毒、砷及其化合物中毒、铀及其化合物中毒、砷化氢中毒、氯气中毒、二氧化硫中毒、光气中毒、氨中毒、偏二甲基肼中毒、氮氧化合物中毒、一氧化碳中毒、二硫化碳中毒、硫化氢中毒、磷化氢/磷化锌/磷化铝中毒、氟及其无机化合物中毒、氰及腈类化合物中毒、四乙基铅中毒、有机锡中毒、羰基镍中毒、苯中毒、甲苯中毒、二甲苯中毒、正己烷中毒、汽油中毒、一甲胺中毒、有机氟聚合物单体及其热裂解物中毒、二氯乙烷中毒、四氯化碳中毒、氯乙烯中毒、三氯乙烯中毒、氯丙烯中毒、氯丁二烯中毒、苯的氨基及硝基化合物(不包括三硝基甲苯)中毒、三硝基甲苯中毒、甲醇中毒、酚中毒、五氯酚(钠)中毒、甲醛中毒、硫酸二甲酯中毒、丙烯酰胺中毒、二甲基甲酰胺中毒、有机磷中毒、氨基甲酸酯类中毒、杀虫脒中毒、溴甲烷中毒、拟除虫菊酯类中毒、铟及其化合物中毒、溴丙烷中毒、碘甲烷中毒、氯乙酸中毒、环氧乙烷中毒,以及上述条目未提及的与职业有害因素接触之间存在直接因果联系的其他化学中毒。

6. 物理因素导致的职业病

物理因素导致的职业病包括中暑、减压病、高原病、航空病、手臂振动病、激光所致眼(角膜、晶状体、视网膜)损伤、冻伤。

7. 职业性放射性疾病

职业性放射性疾病包括外照射急性放射病、外照射亚急性放射病、外照射慢性放射病、内照射放射病、放射性皮肤疾病、放射性肿瘤(含矿工高氡暴露所致肺癌)、放射性骨损伤、放射性甲状腺疾病、放射性性腺疾病、放射复合伤;根据《职业性放射性疾病诊断标准(总则)》可以诊断的其他放射性损伤。

8. 职业性传染病

职业性传染病包括炭疽、森林脑炎、布鲁氏菌病、艾滋病(限于医疗卫生人员及人民警察)、莱姆病。

9. 职业性肿瘤

职业性肿瘤包括石棉所致肺癌/间皮瘤、联苯胺所致膀胱癌、苯所致白血病、氯甲醚/双氯甲醚所致肺癌、砷及其化合物所致肺癌/皮肤癌、氯乙烯所致肝血管肉瘤、焦炉逸散物所致肺癌、六价铬化合物所致肺癌、毛沸石所致肺癌/胸膜间皮瘤、煤焦油/煤焦油沥青/石油沥青所致皮肤癌、β-萘胺所致膀胱癌。

10. 其他职业病

其他职业病包括金属烟热、滑囊炎(限于井下工人)、股静脉血栓综合征/股动脉闭塞症或淋巴管闭塞症(限于刮研作业人员)。

二、常见职业病的危害及预防

(一) 粉尘的危害及预防

1. 粉尘对人体健康的影响

长期大量吸入粉尘,会使肺组织发生弥漫性、进行性纤维组织增生,引起尘肺病,导致呼吸功能严重受损,进而使劳动能力下降或丧失。有些粉尘具有致癌性,如石棉尘是世界公认的致癌物质。

2. 预防措施

(1) 技术措施:改革工艺过程,湿式作业,密闭、抽风、除尘。

(2) 卫生保健措施。

① 接尘工人健康监护:上岗前体检、岗中的定期健康检查和离岗时体检。对于接尘工龄较长的工人,还要按规定做离岗后的随访检查。

② 个人防护和个人卫生:佩戴防尘护具,如防尘安全帽、防尘口罩、送风头盔、送风口罩等,讲究个人卫生,勤换工作服,勤洗澡。

(二) 化学毒物的危害及预防

1. 有机溶剂类毒物的危害及预防

有机溶剂多属于有毒有害物质,同类者毒性相似。

(1) 危害。应用广泛的有机溶剂的中毒症状如下。

① 苯:染料、合成橡胶、农药的生产,以及油漆制造、建筑喷漆、制鞋厂、家具厂、箱包加工厂,是苯中毒高发领域。苯会通过呼吸道和皮肤进入人体,患有血液系统疾病、肝肾疾病以及哮喘患者均不宜从事接触苯的作业。急性苯中毒症状为:轻度时头晕、头痛、恶心、呕吐、兴奋、欢快、步态不稳,重度时烦躁不安、产生幻觉、震颤、抽搐、昏迷、心律不齐,严重者可发生再生障碍性贫血、白血病,也可因呼吸中枢麻痹死亡。

② 甲苯、二甲苯:甲苯、二甲苯多从煤焦油分解或石油裂解产生,在工业上主要用于油漆、涂料、胶水等有机溶剂,也可制造糖精、染料、药物和炸药等。生产中甲苯主要通过呼吸系统、皮肤吸入人体,对皮肤、黏膜有刺激性,对中枢神经系统有麻醉作用。甲苯、二甲苯毒性小于苯,但刺激症状比苯严重,吸入后可出现咽喉刺痛感、发痒和灼烧感;严重的会出现虚脱、昏迷等。

(2) 预防措施。通过工艺改革和密闭通风措施,可降低空气中的有机溶剂浓度。经常检测作业环境空气中有机溶剂的浓度,加强对作业工人的健康检查,做好上岗前和在岗期间的定期健康检查工作,工作现场禁止吸烟、进食和饮水,工作完毕后淋浴更衣,保持良好的卫生习惯,加强个体防护,佩戴自吸过滤式防毒面具,戴化学安全防护眼镜,穿防毒渗透工作服,戴乳胶手套等,都可降低有机溶剂中毒的风险。

2. 金属与类金属毒物的危害及预防

(1) 危害。常见的金属和类金属毒物有铅、汞、锰、镍、铍、砷、磷及其化合物。

① 铅。生产中接触铅烟、铅尘的行业包括铅矿开采、熔炼,蓄电池生产,制铅管、铅丝等。铅及其化合物主要通过呼吸道和消化道进入人体,对人体各个组织器官均有毒性作用,主要损害神经、消化、造血系统。表现为口内有金属甜味,头痛、头晕、失眠、多梦、记忆力减退、乏力、食欲减退、腹胀,严重时还会出现贫血、腹绞痛、肝肾损害,以及铅麻痹和中毒性脑病。

② 汞。常接触汞的行业包括汞矿的开采、冶炼,水银温度计制造,金、银的提取等。汞主要通过呼吸道、皮肤侵入人体,损害神经、呼吸、消化和泌尿系统。急性中毒时有头痛、头晕、乏力、多梦、发热等全身症状,并伴有明显的口腔炎表现,可出现食欲不振、恶心、腹痛、腹泻等症状,部分患者皮肤会出现红色斑丘疹,少数严重者可发生间质性肺炎及肾脏损伤。

③ 锰。生产中接触锰的行业及工种包括用二氧化锰做原料生产高锰酸钾,锰矿的开采及矿石的加工破碎、碾磨、筛选和包装,高炉冶炼锰铁、锰钢的高温切割或碳弧气刨、锰合金的电焊等。锰在生产中主要以锰烟及锰尘的形式经呼吸道吸收而引起中毒,慢性锰中毒多见于锰矿开采、锰铁冶炼、电焊及干电池作业等工种。主要表现为头痛、头晕、记忆力减退、嗜睡、心动过速、多汗、两腿沉重、走路速度减慢、口吃、易激动等,严重者可出现"锰性帕金森氏综合征"等。

(2) 预防措施。改革生产工艺和设备,尽量用低毒、无毒的新技术与新工艺代替有毒的旧工艺,并使生产装置密闭化、机械化、自动化。对有毒作业场所加强通风,正确佩戴个人防护用品,作业工人穿工作服,戴口罩。下班后淋浴,并将工作服锁在指定的通风柜内。定期监测车间空气中的金属或类金属浓度,做好上岗前和在岗期间的定期体检,严禁车间内进食、饮水和吸烟。

3. 高温作业的危害及预防

(1) 危害。高温作业的主要危害是造急性中暑职业病,轻者表现为头痛、心悸、恶心、呕吐、出汗,继而昏厥,重者可造成循环血衰竭、颅内供血不足,直至死亡。

(2) 预防措施。控制环境温度,注意补充水分,加强个人防护(配备高温防护服、防护眼镜、面罩、手套、鞋盖、护腿等,并准备毛巾、风油精、藿香正气水以及仁丹等防暑降温用品),注意合理休息(尽量缩短高温作业时间,尤其应避开气温最高的时间段作业),加强医疗预防(对高温作业人员进行上岗前和入暑前职业健康检查),排除"未控制的高血压、未控制的糖尿病、未控制的甲亢、慢性肾炎、癫痫"等职业禁忌证。

4. 噪声的危害及预防

凡是长期在85分贝以上噪声环境下工作的,都有可能发生职业性噪声聋。

(1) 危害。噪声除了导致听力下降,甚至导致噪声聋之外,还会诱发头痛、头晕、耳鸣、失眠、全身乏力、食欲不振、消化不良等症状,并对心血管系统产生不良影响。职业禁忌:患有听觉器官疾病,以及心血管和神经系统疾病的人,禁止从事噪声作业。

(2) 预防措施。作业场所应当采用吸音材料、消声器等隔音措施。噪声作业时应当佩戴防噪声耳塞或耳罩。控制工作时间,工作一段时间后暂时离开噪声环境等。

三、职业病维权

《工伤认定办法》第四条规定:职工发生事故伤害或者按照职业病防治法规定被诊断、鉴定为职业病,所在单位应当自事故伤害发生之日或者被诊断、鉴定为职业病之日起30日内,向统筹地区社会保险行政部门提出工伤认定申请。遇有特殊情况,经报社会保险行政部门同意,申请时限可以适当延长。按照前款规定应当向省级社会保险行政部门提出工伤认定申请的,根据属地原则应当向用人单位所在地设区的市级社会保险行政部门提出。

《工伤认定办法》第五条规定:用人单位未在规定的时限内提出工伤认定申请的,受伤害职工或者其近亲属、工会组织在事故伤害发生之日或者被诊断、鉴定为职业病之日起1年内,可以直接按照本办法第四条规定提出工伤认定申请。

《工伤认定办法》第六条规定:提出工伤认定申请应当填写《工伤认定申请表》,并提交下列材料:①劳动、聘用合同文本复印件或者与用人单位存在劳动关系(包括事实劳动关系)、人事关系的其他证明材料;②医疗机构出具的受伤后诊断证明书或者职业病诊断证明书(或者职业病诊断鉴定书)。

🔒 典型案例

长期噪声环境工作导致职工噪声聋

老李是某大型机械制造企业工程制造部的员工,从事铆焊已11年,其工作场所是大车间。近年来,老李时常感觉耳膜震痛,与同事、朋友日常交谈时感到力不从心,听力明显下降。2022年6月,老李前往疾控部门进行职业健康体检,专家调取了他近5年的体检资料,发现他的听力测试结果异常,但他没有按照医生建议定期复查,最终被诊断为职业性重度噪声聋。

案例分析:

噪声聋是由于听觉长期遭受噪声影响而发生缓慢的、进行性的感音性耳聋,早期表现为听觉疲劳,离开噪声环境后可以逐渐恢复,久之则难以恢复,最终导致感音神经性耳聋;主要临床表现包括耳鸣、耳聋、头痛、头晕,有的伴有失眠、脑涨感等;早期表现为:工作后几小时内有耳鸣,以后变为顽固性耳鸣,症状不再消失,有的患者还伴有眩晕、恶心或呕吐等。

劳动者出现以下情况时,应怀疑听力受到损害:下班后耳朵仍有嗡嗡声;与人交谈时,觉得声音变小或听不清楚;别人发现你说话声音变大;听不到门铃或电话声;听音乐时觉得音质有改变;习惯把电视或收音机的音量调得十分大。

产生噪声的主要工种包括:机械加工、制造工种,金属表面处理工种,纺织服装工种,热电工种、建筑工种等。

对于职业性噪声聋,关键在预防。例如,用人单位要组织接触噪声的劳动者按照规定做好上岗前、在岗期间、离岗时的职业健康体检。对劳动者而言,如果怀疑自身有职业性噪声聋,应到相关机构进行健康检查等。

思考与探究

想一想,你现在所学的专业将来可能从事什么职业,可能会患上哪些职业病,说一说它们的症状。

话题三　实习就业安全事故预防与应对

情景导入

《2023年国民经济和社会发展统计公报》关于应急管理的数据统计显示:全年各类生产安全事故共死亡 21242 人,比上年下降 4.7%。工矿商贸企业就业人员 10 万人生产安全事故死亡人数 1.244 人,比上年上升 4.2%;煤矿百万吨死亡人数 0.094 人,上升 23.7%。道路交通事故万车死亡人数 1.38 人,下降 5.5%。

2023 年较大及以上事故的高发时段是 6 月和 10—12 月,共发生事故 34 起、死亡 225 人,分别占全年的 58.6% 和 50.3%;其中,化工医药行业共发生较大及以上事故 10 起、死亡 63 人。从事故发生原因分析,2023 年亡人事故主要发生在工艺安全及检维修环节,分别占 46.1%、23.7%;煤矿、化工是亡人事故高发行业,分别占 30.0%、14.1%。

(资料来源:https://www.stats.gov.cn/sj/zxfb/202402/t20240228_1947915.html)

知识讲解

一、常见实习就业安全事故的分类

(一) 按事故形成的原因划分

《企业职工伤亡事故分类》按致害原因将伤害事故分为以下 20 类。

(1) 物体打击:指失控物体的惯性力造成的人身伤害事故。

(2) 车辆伤害:指本企业机动车辆引起的机械伤害事故。

(3) 机械伤害:指机械设备与工具引起的绞、辗、碰、割、戳、切等伤害。

(4) 起重伤害:指从事起重作业时引起的机械伤害事故。

(5) 触电:指电流流经人体,造成生理伤害的事故。

(6) 淹溺:指因大量水经口、鼻进入肺内,造成呼吸道阻塞,发生急性缺氧而窒息死亡的

事故。

(7) 灼烫：指强酸、强碱溅到身体引起的灼伤，或因火焰引起的烧伤，高温物体引起的烫伤，放射线引起的皮肤损伤等事故。

(8) 火灾：指造成人员伤亡的企业火灾事故。

(9) 高处坠落：指出于危险重力势能差引起的伤害事故。

(10) 坍塌：指建筑物、构筑物、堆置物等倒塌以及土石塌方引起的事故。不适用于矿山冒顶片帮事故，或因爆炸、爆破引起的坍塌事故。

(11) 冒顶片帮：指矿井工作面、巷道侧壁由于支护不当、压力过大造成的坍塌，称为片帮；顶板垮落为冒顶。二者常同时发生，简称为冒顶片帮。

(12) 透水：指矿山、地下开采或其他坑道作业时，意外水源带来的伤亡事故。

(13) 放炮：指施工时，放炮作业造成的伤亡事故。

(14) 瓦斯爆炸：指可燃性气体瓦斯、煤尘与空气混合形成了浓度达到燃烧极限的混合物，接触火源时，引起的化学性爆炸事故。

(15) 火药爆炸：指火药与炸药在生产、运输、贮藏的过程中发生的爆炸事故。

(16) 锅炉爆炸：指锅炉发生的物理性爆炸事故。

(17) 容器爆炸：容器（压力容器的简称）是指比较容易发生事故，且事故危害性较大的承受压力载荷的密闭装置。容器爆炸是压力容器破裂引起的气体爆炸，即物理性爆炸，指容器内盛装的可燃性液化气，在容器破裂后，立即蒸发，与周围的空气混合形成爆炸性气体混合物，遇到火源时产生的化学爆炸，也称容器的二次爆炸。

(18) 其他爆炸：凡不属于上述爆炸的事故均列为其他爆炸事故。

(19) 中毒和窒息：指人接触有毒物质，如误吃有毒食物或呼吸有毒气体引起的人体急性中毒事故。

(20) 其他伤害：凡不属于上述伤害的事故均称为其他伤害。

(二) 按事故的严重程度划分

《企业职工伤亡事故分类》按事故严重程度将伤害事故分为以下 3 类。

(1) 轻伤事故：指只有轻伤的事故。轻伤是指损失工作日为 1 个工作日以上（含 1 个工作日），105 个工作日以下的失能伤害。

(2) 重伤事故：指有重伤无死亡的事故。重伤是指损失工作日为 105 个工作日以上（含 105 个工作日）的失能伤害。

(3) 死亡事故：指生产经营过程中发生死亡的事故。其中，重大伤亡事故是指一次事故中死亡 1～2 人的事故；特大伤亡事故是指一次事故中死亡 3 人以上的事故（含 3 人）。

(三) 按事故的等级划分

《生产安全事故报告和调查处理条例》按生产安全事故严重程度将事故等级划分为以下 3 类。

（1）特别重大事故：指造成 30 人以上死亡，或者 100 人以上重伤，或者 1 亿元以上直接经济损失的事故。

（2）重大事故：指造成 10 人以上 30 人以下死亡，或者 50 人以上 100 人以下重伤，或者 5000 万元以上 1 亿元以下直接经济损失的事故。

（3）较大事故：指造成 3 人以上 10 人以下死亡，或者 10 人以上 50 人以下重伤，或者 1000 万元以上 5000 万元以下直接经济损失的事故。

（4）一般事故：指造成 3 人以下死亡，或者 10 人以下重伤，或者 1000 万元以下直接经济损失的事故。

二、实习就业安全事故的预防

（一）树立安全意识，严格遵守安全操作规程

生产性单位应严格落实安全生产责任制，高度重视安全生产、劳动保护工作。岗位作业人员应定期接受安全生产教育培训，遵章守纪，服从管理，按照岗位操作要求和规范进行作业，对本岗位的安全生产负直接责任。

（二）选用正确的个体防护用品

除了在生产环节必须按照岗位操作和规范要求进行作业外，还需要正确选用个体防护用品，以做好自我防护，减少安全事故发生的可能性。

1. 根据场所有害因素选用

（1）物理有害因素。针对不同的物理有害因素，可选用相应的防护用品，如防紫外、红外辐射伤害的护目镜和面具。焊接护目镜产品应符合《职业眼面部防护 焊接防护 第 1 部分：焊接防护具》(GB/T 3609.1—2008)对于眼面部防护具的要求，高温辐射场所选用阻燃防护服应符合《防护服装 阻燃防护 第 1 部分：阻燃服》(GB 8965.1—2009)的要求。

（2）化学有害因素。作业人员佩戴的防毒呼吸用品应符合《呼吸防护 自吸过滤式防毒面具》(GB 2890—2009)的要求。

（3）生物有害因素。医用防护口罩应符合《医用防护口罩技术要求》(GB 19083—2010)的要求，医用一次性防护服应符合《医用一次性防护服》(GB 19082—2009)的要求。

2. 根据作业类别选用

《个体防护装备选用规范》(GB/T 11651—2008)规定了个体防护装备选用的原则和要求，如高处作业应选用安全帽、安全带、安全网、防滑鞋等。

3. 根据工作场所有害因素的测定值选用

根据工作场所有害物质的浓度，选择合适的防护用品。例如，粉尘浓度较低时可选用随弃或防颗粒物呼吸器；空气中氧含量低于 18%，或剧毒品浓度很高危及生命时，应选用隔离式空气呼吸器或氧气呼吸器。

4. 根据有害物质对人体作用部位选用

如果有害物会伤害头部、耳部、眼部、呼吸器官（系统）等，可根据其不同的作用部位选用

防护品。

5. 根据人体尺寸选用

个人使用的防护用品应与个人尺寸相匹配,这样才能发挥最佳的防护功能。

三、常见实习就业安全事故的应对

(一) 有毒、有害气体中毒

1. 采取有效的个人防护

进入事故现场的应急救援人员必须根据现场毒物选择佩戴相应的个体防护用品。

2. 询情、侦查

救援人员到达现场后,应立即询问被困人员情况、毒物名称、泄漏量等,并安排侦查人员侦查具体情况,制定具体处置方案。

3. 确定警戒区和救援路线

在询情、侦查完成后,综合侦查情况,确定警戒区域,设置警戒标志,疏散警戒区域内与救援无关人员至安全区域,切断火源,严格限制出入。救援人员应从上风、顺风方向选择救援路线。

4. 排除险情

准备工作完成后,禁火抑爆,稀释驱散,中和吸收,关阀断源,器具堵漏,倒罐转移。

5. 清洗消除泄漏物

排除险情后,筑堤堵截泄漏液体并引流到安全地点,稀释中和毒气浓度,将收集的泄漏物运至废物处理场所处置。用消防水冲洗剩下的少量物料,冲洗水排入污水系统处理。

(二) 火灾

1. 报警

作业现场发生火警、火灾事故时,应迅速了解起火位置、燃烧的物质等基本情况后,立即拨打119火警电话。

2. 扑救

在消防部门到达前,在保证安全的前提下,应根据火场情况,机动灵活地选择灭火方式,对易燃、易爆的物品采取正确有效的隔离。扑灭火情可采用一种或同时采用几种灭火方法(冷却法、窒息法、隔离法、化学中断法)。在扑救的同时要注意周围情况,防止中毒、坍塌、坠落、触电、物体打击等二次事故的发生。

3. 撤离

如现场火势扩大,一般扑救已不可能,应及时组织撤退扑救人员,避免伤亡。

4. 保护现场

在灭火后,应保护火灾现场,以便事后调查起火原因。

(三) 触电

(1) 发现有人触电后,应立即关闭开关、切断电源。若无法及时断开电源,可用干木棒、皮带、橡胶制品等绝缘物品挑开触电者身上的带电物品。

（2）立即拨打报警、急救电话。

（3）解开妨碍触电者呼吸的紧身衣服，检查触电者口腔，清理口腔黏液，如有假牙，则应取下。

（4）立即就地抢救。如呼吸停止，应采用人工呼吸法抢救；如心脏停止跳动，应进行人工胸外心脏按压法抢救。

（5）如有电烧伤的伤口，包扎后应及时到医院就诊。

典型案例

建立完善有效的应急预案，切实保障安全生产

2020年7月，某化工企业夜班员工小赵，按照操作规程要求在凌晨2时30分左右向反应容器内加入化工原料。起初一切正常，困顿不堪的他决定先休息一会儿再继续工作。谁知，刚睡着不久，他就被刺鼻的气味呛醒，立刻起身查看，发现由于加料过多，反应剧烈，物料已经溢出反应容器。着急的他想去关阀门，结果因吸入气体，身体不适昏倒在地。班长巡检发现后，立即启动应急响应，并将小赵送至医院。多亏班长发现及时，才没有造成不可挽回的后果，经过一段时间治疗后，小赵转危为安。

案例分析：

在该案例中，事故发生的直接原因是夜班员工小赵缺乏安全意识，违反操作规程，在加料期间睡觉。后来他因吸入过多的反应气体，而导致身体不适昏倒在地。幸好，企业有完善的巡检制度和应急预案，班长巡检发现事故后，立即启动应急响应机制，不仅将小赵救出，还避免了一场严重的安全事故。由此可以看出，完善有效的应急预案是保障安全生产不可或缺的因素。

思考与探究

寻找一则安全事故的案例，讨论其应急处置措施是否恰当，以及可以从哪些方面入手预防安全事故的发生。

模块八

常见意外伤害事故预防与应对

随着社会科技的快速发展,意外伤害事故已成为威胁公众生命安全的重大隐患。溺水、交通事故、烧伤烫伤、自然灾害等突发事件,不仅给受害者带来身心创伤,也给家庭和社会造成沉重负担。因此,普及意外伤害事故的预防和应对知识,提升公众的安全意识,已成为当务之急。

本模块围绕四个核心话题展开深入探讨,聚焦溺水事故的预防与应对,通过解析溺水成因,提出有效的预防措施和紧急救援手段;关注交通事故的预防与应对,深入剖析交通事故的成因,提供驾驶、行人及乘车安全建议,以降低交通事故的风险;探讨烧伤与烫伤事故的预防与应对,针对家庭和工作场所常见的风险,提供预防措施和急救知识;聚焦自然灾害自救与逃生,介绍各种自然灾害的特点和应对方法,帮助学习者提高自救能力,降低灾害损失。

通过学习本模块内容,学生能够增强对意外伤害事故的警觉性,掌握正确的预防和应对措施,共同营造安全、健康的生活环境。

话题一　溺水事故的防护与应对

情景导入

随着经济的蓬勃发展、社会的持续进步以及教育改革的逐步深化,学生的活动范围日益扩大,接触的事物也愈加丰富。然而,与之相伴的是青少年自身安全问题的日益凸显,这已引起了人们的广泛关注。江、河、湖、海、小溪、池塘及游泳池等水域固然为人们带来了无尽的欢乐与享受,特别是在炎炎夏日,许多人喜欢在清凉的水中消暑,或是在水中锻炼身体。然而,也正是夏天,溺水事故屡屡发生,给人们的生命安全带来了严重威胁。据世界卫生组织《全球溺水报告》显示,每年至少约 24 万人溺水死亡;据人民网舆情数据中心发布的《2022中国青少年防溺水大数据报告》显示,我国每年约有 5.9 万人死于溺水,其中未成年人占 95% 以上。因此,预防溺水事故的发生已成为全社会共同关注的焦点。对于青少年而言,树立自护自救意识,掌握防溺水的安全知识,以及学会正确处理各种溺水危险情况,显得尤为重要。这些举措不仅有助于减少溺水事故的发生,更能为青少年的健康成长提供坚实的保障。

为尽最大努力减少学生溺水事件发生,切实保障学生生命安全,2022 年 7 月,教育部办公厅等五部门联合印发《关于做好预防中小学生溺水工作的通知》,部署预防中小学生溺水工作。2023 年 5 月,教育部基础教育司发布预防学生溺水工作预警,提醒各地教育行政部门和学校要高度重视,进一步强化预防学生溺水工作,切实保障学生生命安全。

知识讲解

一、溺水的含义及症状表现

溺水即人们常说的淹溺,是指个体在水中或其他液体介质中因淹没而受到伤害的现象。这种情况通常发生在失足落水或游泳过程中。由于溺水的时间长短不同,其所呈现的症状也会有所差异。如果溺水时间较短,如在喉部痉挛早期,被救起后,受害者通常能够保持清醒的神志,但会有呛咳的现象。在溺水 1～2 分钟后获救,主要为窒息的缺氧表现,如呼吸频率加快、血压上升、胸闷不适及四肢酸痛无力等症状。当溺水时间延长至喉部痉挛晚期,即溺水 3～4 分钟后被救起,因窒息和缺氧的时间较长,受害者可能会出现神志模糊、烦躁不安、剧烈咳嗽、喘憋、呼吸困难、心率减慢、血压降低、皮肤发冷以及发绀等症状。在喉部痉挛期之后,若水进入呼吸道和消化道,症状会进一步加重。受害者可能出现意识障碍、面部和眼睑水肿、眼睛充血、口鼻咳出带有血液的泡沫状痰液、皮肤冷白、发绀、呼吸困难、双肺可闻及水泡音、上腹部膨胀等表现。当溺水时间超过5分钟时,受害者的症状会变得更加严重,可能出现神志昏迷、口鼻流出带血的分泌物、严重发绀、呼吸微弱或憋喘、心率不规则、心音不清、呼吸衰竭、心力衰竭,甚至瞳孔散大、呼吸和心跳停止等危急状况。此外,长时间溺水的受害者由于污水进入肺部,还可能继发肺部感染,甚至并发急性呼吸窘迫综合征、脑水肿、急性肾功能不全、溶血或贫血、弥散性血管内凝血等严重病情。

二、溺水事故发生的原因

溺水事故的发生往往不是单一因素所致,而是多种因素相互作用的结果。溺水事故发生的原因主要包括以下几个方面。

(一) 技术原因

(1) 游泳技术生疏。一些初学游泳的爱好者,由于游泳技术掌握得不好,在水中遇到大风大浪等意外情况时,就会动作慌乱、惊慌失措,导致呛水而造成溺水。

(2) 碰撞打闹。有些人喜欢在水里嬉戏打闹,特别是一些年轻人喜欢做些有挑战性的动作。例如在嬉水打闹时,突然滑倒后无法站立,或者被人误压水底时间过长而不能自控的,便容易导致溺水。

(3) 游泳者突然呛水。因技术不熟练,不会调整呼吸,或戴在身上的浮具脱离或破裂漏气沉入水中,容易导致溺水。

(4) 一些群众由于未经过救助训练,或者其营救技术与其勇气不相配,贸然对溺水者进行施救,在施救过程中被溺水者紧抱不放时也会容易溺水。

(二) 心理原因

(1) 怕水心理严重的人,一旦接触水源,往往会惊慌失措,四肢变得僵硬,这种状态极易导致溺水事故的发生。

(2) 好奇心过重的人在池边、岸边或薄冰处可能因不慎而跌入水中,从而引发溺水危险。

(3) 有时候,一些人为了打赌或比拼,过于逞强好胜,冒险行事,不顾自身能力限制,或长时间游泳导致体力透支。例如,为了显示自己的勇敢,可能会选择进入水下洞穴中,或是在岩石上跳水,或者在游泳时超出安全区域,如游到浮标以外,或是河对岸,甚至是外海,但在回程时由于体力不支,便容易陷入溺水的危险之中。

(三) 生理原因

(1) 冒险潜水时,如果潜水时间过长,可能会导致缺氧窒息的风险增加。潜水过程中需要憋气,如果憋气时间过长或过于频繁,可能会引发心肌缺血或中枢神经系统工作骤停等严重后果。这些症状包括头痛、头晕甚至休克等,一旦出现,会大大增加溺水的可能性。

（2）长时间游泳会导致身体疲劳，体力逐渐不支。有些游泳爱好者热衷于长距离游泳，想要挑战自己的极限，探索自己究竟能游多远、多久。这种挑战精神是可以理解的，但同时也会增加发生溺水事故的风险。

（3）在水中游泳时，由于多种原因，如游泳前未做好充分的准备活动、身体疲劳过度、出汗后立即入水、水温偏低、技术动作过于紧张或用力不当等，都可能导致肌肉出现痉挛现象，即抽筋。抽筋可能发生在手指、前臂、脚趾、小腿和大腿等多个部位。如果在深水区遇到抽筋情况而自身缺乏处理经验，就有可能导致溺水事故的发生。

（4）使用不恰当的入水方式，使身体撞到墙壁、石头等硬性物体而受伤，或者脚陷入淤泥所造成的意外事故。

（5）患病期间游泳。一些有慢性病的人在医生的指导下是可以游泳的，但患有心血管疾病、精神病及癫痫病的患者，没有医生的指导便下水游泳是很危险的。例如，有些患心脏病的人，也许平时没有什么不良感觉，但下水后由于受到冷水的刺激或游泳运动量过大，心脏一时不能适应，从而导致发病，进而发生溺水事故。

（四）其他原因

（1）在未经确认的游泳区域游泳存在诸多潜在风险。若水域较深，或是水中有暗桩、礁石、急流、旋涡、水草等障碍物，都可能对游泳者构成威胁。由于不了解水域的具体情况，即使具备良好的游泳能力，也可能发生溺水事故。

（2）游泳场所的管理不规范，或者配套设施存在安全隐患的，都容易导致溺水事故。

（3）遇到洪灾等突发性水流时，使用不适当的支持物，不能尽量抓住一切可以利用的漂浮物体，也容易发生溺水事故。

三、溺水事故的预防

游泳是广大学生喜爱的体育锻炼项目之一。然而，如果缺少安全防范意识、未做好准备，那么遇到意外时会慌张，无法沉着自救，极易发生溺水伤亡事故。为了防止发生溺水事故，必须要做到以下几点。

（一）不要独自外出游泳

为了确保游泳的安全，建议最好与水性较好的人一同前往游泳。在选择游泳地点时，应避免前往被污染或水质不佳的地方，同时，对未知水情或存在较高溺水风险的地方也应持谨慎态度。特别是避免私自到江河湖库等自然水域游泳。此外，在河流的交汇处以及落差较大的河流、湖泊等地，由于水流湍急、地形复杂，更易发生溺水事故。因此，在选择游泳场所时，务必对场所的环境进行充分了解，包括浴场的卫生状况、水下的地形是否平坦以及水域的深浅等，以确保游泳的安全。若有标明禁止游泳的警示牌，则不要在此处游泳。

（二）要清楚自己的身体健康状况

平时四肢容易抽筋的人应尽量避免参与游泳活动，尤其是避免前往深水区游泳。对于身体患有疾病的人,也应避免游泳。患有中耳炎、心脏病、皮肤病、癫痫、红眼病等慢性疾病的患者,以及处于感冒、发热、精神疲倦、身体无力状态的人,均不适宜游泳。因为这些人群参与游泳不仅可能加重病情,还容易发生抽筋、意外昏迷等危险情况,严重时甚至危及生命。同时,传染病患者游泳还可能将疾病传染给他人。

(三)下水前做好准备

在游泳时,切记不要过饿或过饱,应该饭后一小时再下水,以免发生抽筋的情况。在参加剧烈运动后,特别是满身大汗、浑身发热时,不宜立即跳入水中游泳,因为这可能引发抽筋和感冒等症状。下水前应先进行适当的身体活动,如果水温较低,建议在浅水处先用水淋洗身体,待身体适应水温后再游泳;镶有义齿的人,应将义齿取下,以防呛水时义齿落入食管或气管。

(四)对自己的游泳技术有清晰的认知

下水后不能争强好胜,不要互相打闹,更不能贸然跳水和潜泳,不要在急流和旋涡处游泳,更不要酒后游泳,以免呛水和溺水。

(五)在游泳过程中注意身体的变化

游泳时若突然觉得身体不舒服,如眩晕、恶心、心慌、气短等,应立即上岸休息或呼救。若小腿或脚部抽筋,则应用力蹬腿或做跳跃动作,或者用力按摩、拉扯抽筋部位,同时呼叫同伴救助,千万不要惊慌。

(六)注意天气变化

恶劣天气如雷雨、刮风、天气突变等情况,也不宜游泳。

在此,特别要求游泳者做到"七不":不擅自与他人结伴游泳;不私自下水游泳;不在无人带领的情况下游泳;不到不熟悉的水域游泳;不到无安全设施、无救援人员的水域游泳;不熟悉水性者不擅自下水施救;不在河、沟、水塘、水坑等危险水域边玩耍嬉戏。熟悉溺水的预防常识是我们每一个人的职责。同时,这也是对自己负责,对家庭负责,对社会负责。

四、溺水事故的急救措施

在游泳过程中,一旦遭遇溺水事故,现场急救的重要性不言而喻。然而,令人遗憾的是,许多人由于缺乏自救和互救的知识,往往无法有效应对,最终导致了悲剧的发生。因此,掌握正确的溺水急救技能,对于进行基本的自救和互救来说,显得尤为关键。但需要注意的是,在救助他人的过程中,必须首先确保自身的安全,避免盲目下水施救。当发现险情时,应相互提醒并劝阻。

(一)对溺水者的基本救助技能

1. 水中营救

(1)当发现有人落水时,救助者若不会游泳,最好不要贸然下水救人,首先应向有人的地方高声呼救,同时尽快找到方便可取的漂浮物抛给溺水者,如救生圈、木块、水桶、充气的塑料袋等。如果实在找不到漂浮物,那么救助者可快速脱下长裤在水中浸湿,扎紧裤管后充气,再扎紧裤腰后,抛给溺水者。同时告知溺水者不要试图爬上去依靠它上岸,只能用手抓住,借以将头浮出水面呼吸,耐心等待救援人员到来;救助者也可找到长竹竿、长绳或腰带、围巾等将其连接后抛给溺水者拉其上岸;如果在冬季发现踩破冰面的溺水者,那么救助者一定要俯卧在冰面上向前接近,尽量减轻身体局部对冰面的压力,以防压破冰面跌入水中,然后再将腰带抛给溺水者,拉其上岸。

(2) 若救助者会游泳,则要保持镇静,下水前应尽快脱去外衣和鞋子,迅速游到溺水者附近。在条件允许的情况下,应尽量携带漂浮物下水进行救援,让溺水者抓住漂浮物,同时救助者协助其游向岸边。若缺乏漂浮物,救助者在接近溺水者时需格外小心,避免被其抓住。最佳策略是从溺水者的背后悄然接近,一手从其前胸伸至对侧腋下,紧紧夹住其头部并拉出水面,另一只手划水,以仰泳方式将其拖向岸边。对于意识清醒的溺水者,应大声告知其听从指挥。在整个救助过程中,务必确保溺水者的头面部露出水面,这样既能保障其顺畅呼吸,又能减轻其危机感和恐惧感,减少挣扎,从而节省救助者的体力,助其顺利脱离险境。救助者一旦被溺水者抓住,情况将十分危急,因为水中的纠缠会大量消耗救助者的体力,可能导致救助失败,甚至危及自身安全。因此,救助者在接近溺水者时应尽量避免与其纠缠。若不幸被溺水者抱住,救助者应果断放手自沉,使溺水者松手,以便再次进行救护。

2. 岸上急救

溺水者被救助上岸后,及时有效的现场急救对于挽救其生命至关重要。上岸后只顾倒出吞入的水或立刻转送医院的做法将延误最有效的抢救时机。将溺水者救上岸后,需要做好以下工作。

(1) 将溺水者抬出水面后,应立刻清除其口、鼻腔中的水分、泥沙及污物,利用纱布或手帕裹指,将溺水者的舌头轻轻拉出口外,随后解开溺水者的衣扣和领口保障呼吸顺畅。抱起溺水者的腰腹部,使其背朝上、头部下,以便排出体内的积水,或者抬起溺水者的双腿,将其腹部置于施救者肩上,通过快步奔跑的方式帮助排出积水,施救者还可以取半跪姿势,将溺水者的腹部置于救助者腿上,使其头部下垂,并用手轻压其背部进行倒水。

(2) 呼吸停止者应立即进行人工呼吸,一般以口对口吹气法为最佳。施救者位于溺水者一侧,托起溺水者下颌,捏住溺水者鼻孔,深吸一口气后,往溺水者嘴里缓缓吹气,待其胸廓稍有鼓起时,放松其鼻孔,并用一只手压其胸部以助呼气。反复并有节奏地(每分钟吹16~20次)进行,直至溺水者恢复呼吸为止。

(3) 心跳停止者应先进行胸外心脏按压。让溺水者仰卧在平坦处,头稍低后仰。施救者位于溺水者一侧,面对溺水者,右手掌平放在其胸骨下端,左手放在右手背上,借施救者身体缓缓用力,不能用力太猛,以防骨折,将胸骨压下 3~5cm,然后松手腕(手不离开胸骨)使胸骨复原,反复有节奏地(每分钟 60~80 次)进行,直到心跳恢复为止。

(二) 溺水时进行自救的方法

在游泳过程中,人们可能会遭遇抽筋、疲乏、旋涡、急浪等意外情况。面对这些突发状况,重要的是保持沉着冷静,依照一定的方法进行自我救护,并及时发出呼救信号。为了防范悲剧的发生,必须牢记溺水自救的五项关键方法。

1. 水性不熟者自救法

溺水后除了发出呼救信号外,还应该采取仰卧姿势,将头部向后仰,这样可以使鼻子露出水面进行呼吸。在呼气时,要保持呼吸浅而平稳,在吸气时则要尽量深长。这是因为深吸气时,人体的比重会略微降低,从而更容易浮出水面。在此过程中,切记不要慌乱地举起手臂乱扑乱动,因为这样只会加速身体的下沉速度。

2. 水中抽筋自救法

在水上救生过程中,无论是遇险者还是救援者,最需警惕的突发状况便是抽筋。抽筋现象往往在水温偏低、肌肉遭受撞击、身体过度疲劳或误食某些药物等情况下发生,其中小腿和大腿是最常出现抽筋的部位,有时手指、足趾以及胃部等也可能发生抽筋。针对不同部位的抽筋,解救方法也各有差异,但通常都遵循"反向行之"原则,即通过反向拉伸肌肉,以缓解抽筋症状。

(1) 游泳时发生抽筋,千万不要慌张,一定要保持冷静,停止游动,先吸一口气,仰面浮于水面,并根据不同部位采取不同方法进行自救。

(2) 若因水温过低或疲劳导致小腿抽筋,应立即采取自救措施。首先,将小腿膝盖向下压,使身体调整为仰卧姿势,然后用一只手紧握抽筋腿的足趾,用力朝抽筋的反方向伸展,帮助抽筋的腿伸直。同时,用另一条腿踩水,另一只手划水,以维持身体在水中的平衡,并帮助身体上浮。这样连续多次操作,通常可以有效缓解抽筋症状,恢复正常状态。上岸后,可用中指和食指尖轻轻按压承山穴或委中穴,并进行按摩,以缓解肌肉疲劳和不适感。

(3) 若为大腿抽筋,同样可用拉长抽筋肌肉的方法解决。大腿抽筋分为前面的股四头肌和后面的股二头肌两类。前者抽筋后,用压脚背拉伸法,将抽筋的腿向后弯曲,单手用力压脚背使足跟靠近臀部,使抽筋的大腿肌伸展。后者抽筋后,将膝关节伸直,手握小腿或足跟,拉腿靠向身体,使股二头肌伸展,即可恢复。

(4) 若为两手抽筋,应迅速握紧拳头,再用力伸直,反复多次,直至恢复。若为单手抽筋,除做上述动作外,可按摩合谷穴、内关穴、外关穴。

(5) 若为腹部肌肉抽筋,则可掐中脘穴(在肚脐上约13厘米),配合掐足三里穴,还可仰卧水中,把双腿向腹壁弯收,再伸直,重复几次,即可恢复。若腹腔内部抽筋,则无法自行缓解,必须要尽量忍耐,把握时机呼叫救援。

(6) 抽筋过后,应换一种姿势游回岸边,若不得不用同一游泳姿势时,则要防止再次抽筋。

3. 水草缠身自救法

最好不要去陌生水域游泳,以免被水草缠住。一旦遭遇水草缠身,可根据以下步骤自救。

(1) 首先要镇定,切不可踩水或手脚乱动,防止肢体被缠住或在淤泥中越陷越深,更难解脱。

(2) 可采用仰泳方式(两腿伸直、用手掌划水)顺原路慢慢返回,或者平卧水面,使两腿分开,用手解脱。

(3) 若随身携带小刀,可把水草割断,或者试着把水草踢开,或者像脱袜子那样把水草从脚上捋下来。自己无法摆脱时,应及时呼救。

(4) 摆脱水草后,轻轻踢腿而游,尽快离开水草丛生的水域。

4. 身陷旋涡自救法

(1) 有旋涡处,水面常有垃圾、树叶杂物在打转,只要注意就可早发现,应尽量避免接近。

(2) 当发现自己已接近旋涡时,切勿踩水,应立即调整姿势平卧水面,沿着旋涡边缘,用爬泳的方式迅速游过。这是因为旋涡边缘的吸引力相对较弱,不易将体积较大的物体卷入其中。在整个过程中,身体必须保持平卧状态,切勿直立踩水或尝试潜入水中,以免增加被旋涡卷走的风险。

5. 疲劳过度自救法

(1) 觉得寒冷或疲劳,应立即游回岸边。如果离岸较远,或因过度疲乏而不能立即游回岸边,那么就仰浮在水面上保存体力。

(2) 举起一只手,尽量放松身体,向施救者求助,但是不要紧抱施救者不放。

(3) 如果没有人来,那么就继续浮在水面,等到体力恢复后再游回岸边。

典型案例

溺 水 救 助

某年夏天,小明和朋友小亮在河边玩耍。小明不慎滑入深水区,开始挣扎呼救。小亮见状,立刻拨打急救电话,并大声向周围人求助。同时,小亮利用身边的竹竿试图将小明拉向岸边。在众人的帮助下,小明最终被成功救上岸,并及时送往医院接受治疗。

案例分析:

在这个案例中,小亮的做法是正确的,他首先保持冷静,没有盲目下水救援,而是采取了拨打急救电话和寻求周围人帮助的措施。同时,小亮还利用身边的物品进行了初步救援,为小明争取了宝贵的时间。

思考与探究

1. 如何预防溺水事故的发生?
2. 如何对溺水者进行恰当的施救?
3. 如何在溺水时进行自救?自救时应注意哪些问题?

话题二　交通事故的预防与应对

情景导入

衣、食、住、行，行乃生活之基。随着城镇化步伐的加快和汽车保有量的激增，人们在享受交通便利的同时，也不得不直面日益严重的交通事故问题。交通事故已成为危害公众安全的重大社会问题。对于在校学生来说，遵守交通法规是义不容辞的责任。常言道："交通事故猛于虎。"然而，虎之凶猛，尚只限于个体，交通事故却能瞬间夺走多人生命。数据触目惊心：世界卫生组织数据显示，道路交通事故每年造成全球将近130万人死亡、大约5000万人受伤。深究事故频发的根源，除少数意外因素外，绝大多数因人为失误所致，如无证驾驶、超载超速、酒后驾车等。因此，学习和遵守交通法规，不仅是对自己生命的珍视，更是对他人安全的尊重，是维护交通秩序、确保道路安全的必要之举。

知识讲解

一、交通安全的概念

交通包括天上飞行的航空运输、水上的船舶运输、铁路上的铁路运输、公路上的道路运输等。交通安全是指在交通活动过程中，能将人身伤亡或财产损失控制在可接受水平的状态。交通安全意味着人或物遭受损失的可能性是可以接受的；若这种可能性超过了可接受的水平，即为不安全。交通事故是指交通工具在道路上遇到故障或者意外造成人身伤亡、财产损失的事件。学生交通安全是指学生在校园内和校园外的道路上行走，驾驶、乘坐交通工具时不发生人员伤亡和交通工具、财产损失的状态。

二、校园交通安全

随着职业院校改革的逐步深化，学校与社会的互动日益增多，导致校园内的人流量和车流量也随之急剧攀升，这无疑给学校的交通状况带来了沉重的负担。更令人担忧的是，近年来校园内道路交通事故的发生率呈现上升的趋势。因此，预防交通事故、确保校园交通安全成为广大师生共同的心声与愿望。

（一）校园易发生交通事故的主要原因

（1）部分学生交通安全意识较薄弱，未能严格遵守交通规则，这给校园交通安全带来了不小的隐患。

（2）随着车辆的急剧增加，校园道路承受了越来越大的交通压力。不仅学校的公务车、教职工的私家车数量增多，就连在校经营个体也拥有了越来越多的车辆。

（3）为方便外出，许多学生选择使用电动车或自行车作为交通工具，这也进一步加剧了校园内的交通压力。

（4）校园道路通常较为狭窄，而交通标志的设置却相对较少甚至缺失，同时缺乏专职的交通管理人员进行引导和监管。

（5）由于校园内人员居住集中，特别是在上下课高峰期，人流量剧增，使学校的交通环境复杂，交通事故也时有发生。

（6）在一些校园中，教学区、生活区与家属区相互交错，这导致教职工的亲属子女以及其他外来人员也在校园内驾车或骑车，进一步增加了校园交通的安全风险。

（二）学生常见的交通安全事故

1. 被机动车撞伤、撞死

大多数学生交通事故的发生，都与摩托车或汽车有关。在这些不幸的事件中，有的学生是因自身违反了交通规则，从而承担了一定的责任；而另一些则是由于机动车驾驶员违章驾驶所致。无论在校内还是校外，当学生在步行或骑自行车穿越马路时，必须时刻留意马路两侧的车辆行驶情况，选择人行专用通道，并严格遵循交通指示灯或现场交警的指挥来通行。安全至上，切勿掉以轻心。

2. 违章驾驶机动车发生交通事故致死、致伤

学习驾驶技能对学生而言本应是提升自身能力的积极举措，然而，部分学生在驾驶实践中却暴露出一些令人担忧的问题。由于驾驶时间短、经验欠缺，这些学生在面对紧急情况时往往缺乏应对经验，容易陷入手忙脚乱的状态，从而增加了发生事故的风险。

三、学生交通安全事故处理预案

（一）目的

为切实做好学校交通安全事故的防范与处置工作，提升应急处理能力，以最大限度地减少师生伤亡和财产损失，维护学校的正常教学秩序和生活秩序，依据《中华人民共和国道路交通安全法》、国务院《关于特大安全事故行政责任追究的决定》以及上级部门的有关规定，特制定以下交通安全事故处理预案。

首先，成立学校交通安全事故应急处理工作领导小组，该小组将对全校的交通安全事故应急处理进行统一领导、统一组织、统一指挥。领导小组的组长将担任应急预案的总指挥，根据事故的不同等级启动相应的应急预案，并负责发布解除救援行动的信息。

其次，领导小组的具体职责如下：根据学校的实际情况和工作预案，制定详细的应急处理工作方案；调动校内外的人力、物力资源，组织实施突发事故的应急救援工作；对应急处理工作中的重大问题进行讨论和决策，并及时向上级汇报事故情况和所采取的应急措施；必要

时,向相关单位发出救援请求;对事故的原因和性质进行深入调查核实,及时妥善处理善后工作;总结处理过程中的经验与教训,并对相关人员进行奖惩。

(二)应急处理过程和应急处理程序

1. 接警与通知

当事故发生后,在场的行政人员、教职工以及学生应当尽快采取行动,利用各种通信手段报警。对于重大交通事故或人员伤害情况,可直接拨打110报警电话、120急救电话以及122交通事故处置电话,并务必记下肇事车辆的车型、颜色和车牌号等信息。

同时,在场人员应立即将事故发生的详细情况报告给学校的相关部门,包括但不限于学校办公室、学生处和保卫处等。这些部门需要了解的关键信息包括事故发生的具体时间、地点、类型、强度以及可能造成的危害。掌握了这些基本情况后,应立即向学校交通安全事故应急处理领导小组的组长汇报。领导小组应迅速启动应急预案,并立即赶赴现场组织抢救工作。同时,应与公安机关、医疗机构和消防部门等协同合作,共同参与现场的救护工作。

2. 现场应急抢救与现场保护

(1)现场应急抢救措施原则:先人后物,先重后轻,就近求救。在事故发生后,在场人员,包括行政人员、教职工和学生,应首要关注师生的生命安全。应立即检查是否有人员受伤,优先抢救受伤人员,确保他们的生命安全。如有师生受伤,应按照伤势的轻重缓急原则,立即对受伤师生进行紧急救护处置。同时,需立即向公安机关和交通管理部门报案,并全力配合公安部门开展事故处理工作。

在救援过程中,若条件允许,应就近向附近单位、居民发出求救信号,并拦截过往车辆请求帮助。一旦医护人员到达现场,在场人员应立即将受伤师生转交给医护人员进行专业救护处置,并尽快确定哪些伤者需要送往医院进一步治疗。如需送医,应迅速确定送往哪一所医院,并确保转运过程中的安全。

对于学生受伤的情况,学校应及时通知其家长,告知事故情况和学生被送往医院的地址,请家长尽快赶到医院。若受伤者为教师,则学校应通知其家属,说明事故情况和被送往医院的地址,请家属到医院参与救护工作。

同时,学校应组织抢救小组对事故现场进行初步调查,采用分隔式调查方式,确保调查的公正性和准确性。事发现场人员应如实提供事故发生过程的信息,并签字确认书面记录。在抢救伤员、防止事故扩大等必要情况下,如需移动现场的重要痕迹或物证,应待公安交警部门到达后,及时移交现场保护,以防止人为破坏和其他突发事件的发生。

在整个救援过程中,学校还应关注师生情绪的稳定,确保救援工作的顺利进行。同时,应有序组织师生进行疏散撤离,确保他们的安全。

(2)创伤救护。

① 头部损伤。当伤者头部受伤的时候,如果大声呼叫后伤者能应答,说明受伤较轻,应严密观察是否有头晕、头痛、呕吐等情况的发生,当呼叫后伤者不能应答时,说明伤者是处于危险状态,不能随便搬动。应该让伤者平卧,头后仰,保持呼吸道畅通。如果伤者呼吸心跳

停止,那么应及时进行胸外按压等抢救措施。

② 创伤出血。如果伤者有出血点,应该先止血后包扎,外出血的止血方法有以下三种。

a. 直接压迫止血法:最直接、快速、有效、安全,适用于大部分外出血。检查伤口内有无异物后,将干净敷料覆盖伤口处,用手掌或手指直接按在伤口上进行压迫止血。

b. 加压包扎止血法:在直接压迫止血的基础上,用绷带或三角巾加压包扎。

c. 止血带止血法:适用于四肢严重出血者,此时用直接压迫和加压包扎止血法无法有效止血。

注意:止血带不能直接结扎在皮肤上,要加衬垫;上肢出血扎在上臂上 1/3 处,下肢出血扎在大腿中上部;松紧适度,以伤口停止出血为度;做好明显标记,注明结扎止血带时间(精确到分钟);结扎止血带的时间一般不应超过 2 小时,每隔 40~50 分钟或发现远端肢体变凉应松解一次;禁止用铁丝、电线、绳索等当作止血带。

③ 骨折固定。肢体如果出现肿胀、疼痛,畸形等可以判断为骨折。可以用干净的衣物或辅料覆盖伤口;包扎时不能太紧,外露的骨折端不能放回原处,以免伤口加重污染;上肢骨折可以将肢体固定在躯干,下肢骨折可以将肢体固定在健侧,也可以用简单的固定材料,如夹板、树枝和杂志等。

④ 搬运伤员。当意外伤害发生时,宜在对重伤员就地检查伤势和初步处理后再进行搬运。搬运方法根据伤员的伤势情况、伤员的体质和搬运的远近及道路情况而定,主要搬运方法如下。

a. 徒手搬运。

单人徒手搬运:扶行法、背负法、拖行法、爬行法。

双人徒手搬运法:轿杠式、椅托式、拉车式。

三人徒手搬运法:三名救护员单膝跪地,跪在伤员一侧,分别在肩部、腰部、膝踝部,将双手伸到伤病员对侧,手掌向上抓住伤员。由伤员中间的救护员指挥,三人协调动作,同时用力,保持伤员的脊柱为一轴线平稳抬起,放于救护员膝盖或大腿上。救护员协调一致将伤员抬起。如将伤员放下,可按相反的顺序进行。

b. 器材搬运。器材搬运主要是指担架搬运。

3. 事故处理的报告与报道

(1) 在事故发生后,需要在 24 小时内完成一份详尽的书面报告。报告应详细记录事故发生的时间、地点,事故的简要经过,以及伤亡人数。同时,还需对事故的原因和性质进行初步判断,并说明事故抢救处理的情况以及所采取的措施。报告中还应涉及需要有关部门和单位协助事故抢救和处理的相关事宜,并明确报告负责人和报告人的身份。经学校领导审查同意后,这份报告将送交有关部门。若事故属于校方责任保险范畴,还需及时通知保险公司。随时向上级主管部门汇报事故的应急处理进展。

(2) 学校相关部门应切实履行职责,分别做好教师和学生的思想教育工作,稳定师生情绪。对于情绪波动较大的人员,应安排专人进行安抚工作。若有新闻媒体提出采访要求,必须经学校领导和上级主管部门批准,并由学校宣传部统一对外发布消息,确保信息的准确性和一致性。

四、预防交通事故

预防是减少和避免交通事故发生的最佳途径,这既需要我们在思想上保持高度警惕,又需要在措施、设备、技术和人员配备等方面做好预防工作。预防为主原则,就是要在问题出现之前采取积极措施,将一切可能影响行车安全的因素扼杀在摇篮之中。无论何种情况,都应保持头脑清醒,对可能影响行车安全的各种情况进行深入分析,做出正确判断,并随时采取相应的预防措施,确保行车安全。

(一)牢固树立"安全第一、预防为主"的思想

不管在校内还是校外,步行还是驾驶,都要时刻小心谨慎。一方面要防止别人给自己造成伤害,另一方面也不要对别人造成伤害。学生应该自觉遵守交通法规,不要在校园道路上嬉戏打闹,不要在走路或骑车时戴耳机。

(二)养成规范的交通安全行为习惯

1. 骑车交通安全

据有关单位不完全统计,学校发生的与骑车有关的交通事故占在校发生交通事故总数的60%~70%,对此必须给予高度重视。

2. 行人交通安全

(1)行人应当在道路交通中自觉遵守道路交通管理法规,增强自我保护和现代交通意识,掌握行人交通安全特点,防止交通事故。

(2)行人要走人行道,没有人行道的要靠路边行走。

(3)横过车行道时须走人行道:有交通信号灯控制的人行道,应做到红灯停、绿灯行;没有交通信号灯控制的人行道须注意车辆,不要追逐猛跑;有人行过街天桥或地下通道的须走人行过街天桥或地下通道。

(4)横过没有人行道的车行道时须看清情况,让车辆先行,不要在车临近时突然横穿。

(5)横过没有人行道的道路时须直行通过,不要图方便、走捷径或在车前车后胡乱穿行。

(6)不要在道路上强行拦车、追车、扒车或抛物击车。

(7)不要在道路上玩耍、坐卧或进行其他妨碍交通的行为。

(8)不要钻越、跨越人行护栏或道路隔离设施。

(9)不要进入高速公路、高架道路或者有人行隔离设施的机动车专用道。

(10)学龄前儿童应当由成年人带领在道路上行走。

(11) 高龄老人上街最好有人搀扶陪同。

3. 乘车人交通安全

(1) 乘坐公共汽车、长途汽车须在站台或指定地点候车,待车停稳后,先下后上。

(2) 不准在车行道上招呼出租汽车。

(3) 不准携带易燃、易爆等危险品乘坐公共汽车、出租车或长途汽车。

(4) 机动车行驶中,不准将身体任何部分伸出车外,不准跳车。

(5) 乘坐货运机动车时,不准站立,不准坐在车厢栏板上。

4. 乘船交通安全

(1) 确保上船时不携带任何危险物品。

(2) 切勿乘坐缺乏救护设施、无证经营的小船,更不要冒险乘坐超载的船只或"三无"船只(即没有船名、没有船籍港、没有船舶证书的船只)。

(3) 在上下船时,务必等待船只停稳,并在工作人员设置好上下船的跳板后再行动;上下船时,避免拥挤,不要随意攀爬船杆,也不要跨越船挡,以防发生意外落水事故。

(4) 上船后,仔细阅读紧急疏散示意图,了解救生衣的存放位置,并熟悉其穿戴程序和方法。同时,注意观察和识别安全出口,以便在紧急情况下能够迅速自救。按照船票指定的舱位或地点休息和存放行李,不要随意乱放行李,特别是不要放在阻塞通道或靠近水源的地方。

(5) 在客船航行期间,不要在船上嬉闹,也不要紧贴着船边拍照,更不要站在甲板边缘向下看波浪,以免发生眩晕或失足落水的事故。观景时,避免大量人群聚集在船的一侧,以防止船体倾斜,确保航行安全。

5. 乘坐飞机交通安全

(1) 预订航空公司的飞机座位后,要在起飞前1~2日内办理确认手续,提前1~2小时办理登机手续。

(2) 行李中不能夹带枪支、弹药、凶器和易燃易爆物品,也不能夹带国家禁止出境的文物、动物、植物和艺术品等。

(3) 对号入座,将随身携带的行李放入头部上方的行李架中。

(4) 在飞机起飞、降落和飞行颠簸时要系好安全带。初次飞行者或身体不适者会感到耳胀、心跳加快、头痛,此时可张合口腔,或是咀嚼口香糖之类的食物,使耳内压力减轻。

(5) 飞机起飞后,乘务员会通过录像或亲自示范讲解安全带、救生衣、紧急出口等设备设施的使用方法,要注意听讲并理解。

(6) 随时听从乘务员或其他机组人员的命令或帮助。

6. 乘坐火车的安全须知

(1) 务必按照列车的车次规定时间进站候车,以免错过列车,造成麻烦。

(2) 在站台上候车时,站在站台一侧的安全线内,确保安全距离,避免被列车卷入站台,发生意外。

(3) 在列车行进过程中,务必注意个人安全,不要将头、手、胳膊伸出车窗外,以免被沿线的信号设备等刮伤。

(4) 不要在车门和车厢连接处长时间逗留,这些区域容易发生夹伤、挤伤、卡伤等事故,务必要注意。

(5) 切勿携带易燃易爆的危险品,如汽油、鞭炮等上车。这既是对自己的安全负责,也是对他人和列车的安全负责。

(6) 不要向车窗外随意扔废弃物,以免砸伤铁路边的行人和铁路工人,同时也为保护环境贡献一分力量。

五、意外交通事故紧急处理办法

(一) 立即停车

在安全的前提下,立即停车,关闭引擎以防起火,并开启危险报警闪光灯,警示其他车辆。同时,记录下对方车辆的车牌号,以防对方逃逸。

(二) 发出警示

确保现场安全后,立即向其他车辆发出警示,使用危险报警闪光灯,并在路上设置三角警示牌。若有必要,可采取其他方式引起过往车辆的注意。

(三) 评估现场情况

迅速观察并判断现场状况,包括事故涉及的人数、受伤人员的数量和伤势,以及涉及的车辆数量。同时,检查是否有燃油泄漏及起火风险,并留意现场是否有人具备急救能力。

(四) 救助伤者

切勿随意移动受伤者,除非他们处于危险之中(如火灾或有毒物质泄漏)。在不懂专业护理的情况下,避免对伤者进行不当操作。若伤者意识清醒且流血不多,应保持安静,避免给伤者喂食或饮水。

(五) 预防危险

关闭所有事故车辆的发动机,禁止吸烟,防止其他易燃物品引发火灾。注意检查燃油是否泄漏,并警惕危险物品的存在,防止危险液体、尘埃和气体聚集。

(六) 求助救援

在需要求助时,指派专人去寻求帮助或使用随身携带的移动电话。在高速公路上,可利用路边的紧急求助电话。求助时,需详细说明事故发生地点及人员伤亡情况。

(七) 报警处理

对于轻微交通事故,可选择快速处理或自行前往交通事故报案中心报案。若事故已造成伤亡或较大损失,应立即报警,并详细说明事故发生地点及伤亡人数。警察完成现场勘查后,务必索取事故报告及警员的姓名、编号、所属分局和联系电话。

典型案例

市区追尾急处理

某日下午,王先生驾驶轿车在市区道路上行驶时,由于前方车辆突然刹车,王先生紧急制动但未能避免追尾碰撞。事故造成两车受损,王先生和对方驾驶员均受轻伤。

事故发生后,王先生采取了以下紧急处理措施。

1. 立即停车与警示

王先生在确认车辆已安全停下后,立即关闭了引擎,并打开了危险报警闪光灯。同时,他下车记录了对方车辆的车牌号,并放置了三角警示牌以警示其他车辆。

2. 评估现场与救助伤者

王先生观察到对方驾驶员手臂有轻微擦伤,但意识清醒,流血不多。他提醒对方不要随意移动,并拨打了120急救电话。在等待急救人员到场期间,他保持与对方的沟通,安抚其情绪。

3. 防止危险与保护现场

王先生注意到自己的车辆有燃油泄漏的迹象,他立即从车内取出灭火器并放置在泄漏点附近,以防万一。同时,他提醒过往车辆和行人远离泄漏区域,确保现场安全。

4. 报警与等待处理

在完成上述紧急处理后,王先生拨打了110报警电话,详细描述了事故发生的地点、车辆信息及人员伤情。警察到场后,对现场进行了勘查,并记录了双方驾驶员的陈述。王先生向警察索取了事故报告及警员的联系方式。

案例分析:

王先生在这次意外交通事故中,表现出了冷静、迅速和规范的紧急处理能力。他及时停车、警示其他车辆、救助伤者、防止危险并报警处理,有效地控制了事故现场的局势,减少了人员伤亡和财产损失。在面对交通事故时,保持冷静和清醒的头脑至关重要。通过掌握并熟练运用紧急处理办法,可以在关键时刻保护自己和他人的安全,降低事故带来的负面影响。同时,遵守交通法规、注意行车安全也是预防交通事故发生的重要措施。

思考与探究

1. 如何维护校园交通安全?
2. 自己之前有哪些不良出行习惯?应如何改进?
3. 遇到交通事故时应如何处理?

话题三　烧伤与烫伤事故的防护与应对

情景导入

在日常生活与工作中,烧伤与烫伤事故常常因各种原因发生。除了日常生活中常见的火焰、电流、开水、蒸汽等高温烧伤、烫伤,还包括工业上的强酸、强碱等化学烧伤,放射线等物理烧伤、烫伤。烧伤与烫伤不仅会给受害者带来身体上的巨大痛苦,还可能影响其日常生活与工作能力,甚至造成长期的心理阴影。所以,如果能学会对烧伤、烫伤的伤势进行判断,在短时间内采取正确的应对方式进行急救,那么不但可以显著减轻创面伤情,甚至可以避免手术植皮之痛。

知识讲解

一、烧伤

(一) 烧伤的伤势判断及其程度的分类

烧伤是日常生活、工作中常见的损伤,一般是指由火焰、电流、化学腐蚀性物质、放射线、易燃物爆炸(煤气、汽油、煤油)等引起的对人体的皮肤或黏膜的损害,严重者也可伤及皮下组织。轻度、小面积的烧伤对人体健康影响不大,只是特别疼痛,但是大面积、程度深的烧伤对全身和局部的影响就比较大,严重者会感染,甚至死亡。

1. 烧伤的伤势判断

烧伤的伤势判断对于采取正确的急救措施至关重要。伤势的严重程度主要取决于受伤组织的范围和深度,通常采用三度四分法进行评估,即一度烧伤、二度烧伤(分为浅二度和深二度)和三度烧伤。

(1) 一度烧伤:主要损伤表皮层,表现为皮肤发红、发热、疼痛明显,触摸时感到疼痛,并有渗出或水肿现象。轻轻按压受伤部位时,局部会变白,但不会出现水疱。由于生发层(基底层)未受损,再生能力强,通常能在短期内(3~5天)愈合,不留疤痕。有时会有色素沉着,但很快就会恢复正常肤色。

(2) 二度烧伤:涉及皮肤更深层次的损伤,表现为出现水疱,水疱底部可能呈红色或白色,内含清澈、黏稠的液体。触摸时疼痛明显。当压迫受伤部位时,皮肤会变白。二度烧伤可分为浅二度和深二度两种,具体损伤程度有所不同。

（3）三度烧伤：表现为烧伤表面发白、焦黄或呈黑色、炭化皮革状，皮肤变软、无弹性。由于被烧皮肤变得苍白，在白皮肤人中常被误认为是正常皮肤，但压迫时不再变色。破坏的红细胞可使烧伤局部皮肤呈鲜红色，偶尔有水，烧伤区的毛发很容易拔出，感觉减退。三度烧伤区域一般没有痛觉，因为皮肤的神经末梢已被破坏。三度烧伤系皮肤全层损伤，损伤程度最深，有时烧伤可深及皮下脂肪、肌肉甚至骨骼等，故三度烧伤的含义较广，代表的严重程度也不一致。由于皮肤及其附件全部被毁，创面已无再生的来源，创面修复必须有赖于植皮或周围健康皮肤爬行的上皮。

值得注意的是，深二度烧伤与三度烧伤的区分有时需要几天的时间才能明确。因此，在急救过程中，需要密切观察伤势变化，以便及时采取正确的处理措施。

2. 按烧伤面积对烧伤严重程度进行分类

按照烧伤面积的大小，可将烧伤的严重程度分为以下几类。

（1）轻度烧伤：烧伤总面积在10%以下的二度烧伤。

（2）中度烧伤：烧伤总面积为11%～30%，或者三度烧伤面积在10%以下的烧伤。

（3）重度烧伤：烧伤总面积为31%～50%，或者二度烧伤面积为11%～20%，或者烧伤面积不足30%，但有下列情况之一者。①全身情况较重或已有休克；② 复合伤；③中、重度吸入性损伤。

（4）特重烧伤：烧伤总面积在50%以上，或者三度烧伤面积在20%以上。

（二）烧伤事故的急救

烧伤情况一般有火焰烧伤、化学烧伤、电烧伤等，任何致伤从接触人体到造成损伤，均有一个过程，只是时间的长短不一。烧伤后热力已烧坏皮肤，而侵入体内的热量将继续向深层浸透，造成深部组织的迟发性损害。因此，现场抢救要争取时间。烧伤的急救原则是消除烧伤的热源，保护创面，设法使伤员安静止痛。所以应该利用发生烧伤事故的现场设施，对创面进行科学合理的早期处理，以降低烧伤造成的损伤。

1. 火焰烧伤的急救

在处理火焰烧伤事故时，必须迅速而准确地采取一系列措施来减轻伤员的痛苦并防止伤势恶化。

首先，要迅速消除致伤原因。一旦发现有火焰烧伤情况，应立即将伤员从致伤现场移开，使其迅速脱离热源。如果伤员身上着火，应立即脱掉着火衣物或用湿衣物扑盖灭火，也可以用水浇灭或跳入附近的水中。注意，切勿用手直接扑打火焰。特别是冬天穿棉衣时，即使明火已熄灭，也要警惕暗火的存在。在火势未完全控制前，不要惊慌奔跑或站立呼叫，以免加重伤势。

其次，要妥善保护创面。对于已黏附在伤员身上的衣物，不要强行扯掉，以免撕破水疱或加重伤势。对于未破裂的水疱，也不要轻易扯去表皮。一般情况下，创面无须特殊处理，只需保持清洁即可。如果创面较大，可用清洁的毛巾或衣物进行简单包扎，以防止污染和进一步损伤。注意，切勿在创面上乱涂药物或油膏。

再次，减轻疼痛也是非常重要的。对于中小面积的四肢烧伤，应立即用冷水冲淋或浸泡，以减轻疼痛和减少热力对组织的损害。浸泡时间通常为半小时，或直到疼痛感消失为止。对于严重伤员，应让他们静卧休息，保持呼吸通畅，并密切观察呼吸、脉搏、血压等生命体征的变化。如有呼吸停止的情况，应立即进行人工呼吸。如有出血，须及时止血。

最后，在用药方面，为预防休克，对于中小面积烧伤的伤员，如疼痛剧烈，可口服或肌内注射镇静止痛剂。对于能够口服的伤员，可适量给予淡盐水，但要避免大量饮用白开水。对于大面积烧伤的伤员，应通过静脉注射给予镇痛药物，但需注意，有呼吸道烧伤的伤员禁用吗啡。同时，应尽快开始静脉输液，以补充血容量，维持生命体征的稳定。

2. 电烧伤的急救

电烧伤是一种特殊的伤害，它分为两类：一类是电弧烧伤，其处理方法与常规烧伤相同；另一类则是电流直接接触人体导致的电烧伤，这种伤害通常更严重，一旦脱离电源，应立即就医。电烧伤最大的风险在于体内受到的损伤。当发现有人触电时，必须迅速而正确地采取行动。

首先，要确保迅速切断电源，或用绝缘物体（如干木棒、树枝、扫帚柄）将电源移开。如果电源情况不明，切勿直接用手接触触电者，以免自身也受到伤害。

其次，在浴室或潮湿环境中进行救护时，救护人员必须穿着绝缘胶鞋、戴上胶皮手套，或站在干燥的木板上，确保自身的安全。

再次，若触电者已无心跳和呼吸，应立即拨打120急救电话呼叫救护车，并立即进行心肺复苏术。不要轻易放弃抢救，要坚持到医护人员到来为止。

最后，对于因电击导致的局部烧伤伤员，应迅速进行降温处理，利用手边可用的材料对创面进行简易包扎，并尽快将伤员送往医院接受治疗。在整个急救过程中，保持冷静并迅速反应至关重要，以确保伤员能够得到及时且有效的救治。

3. 化学烧伤的急救

化学烧伤与普通烧伤有着显著的区别，其特殊之处在于，即使脱离了伤害源，若不及时清除附着在人体上的腐蚀性物质，这些物质仍会持续侵蚀皮肤和组织，直至被消耗完为止。化学物质与皮肤的接触时间越长，浓度越高，其导致的烧伤越严重。因此，一旦遭遇化学烧伤，务必在极短的时间内（最好不超过2分钟）进行冲洗。

对于强碱和强酸导致的烧伤，首要任务是迅速脱去被酸碱污染的衣物，并立即用大量清水反复冲洗受伤部位。强碱导致的烧伤通常无须使用中和剂，而强酸导致的烧伤则可用5%的碳酸氢钠溶液进行中和，但中和后仍需用清水再次冲洗，以避免中和过程中产生的热量进一步损伤组织。若是生石灰导致的烧伤，应首先清除皮肤上的石灰粉末，再行冲洗，以防石灰遇水产生热量而加剧烧伤。

磷烧伤的处理同样紧急。应立即脱去沾有磷的衣物，并用大量清水冲洗伤口，以去除磷颗粒。若水源不足，可将创面浸泡在水中，隔绝空气，以阻止磷继续燃烧并加重损伤。若仍有磷残留，可用1%～2%的硫酸铜溶液短暂湿敷，使磷转化为黑色的磷化铜，便于辨认和清除。随后,再用5%的碳酸氢钠溶液湿敷以中和磷酸。在整个处理过程中,务必保持冷静并迅速行动,以确保受伤者得到及时有效的救治。

二、烫伤

(一)烫伤的伤势判断

烫伤是由高温液体(如沸水、热油)、高温固体(如烧热的金属、气割产生的高温颗粒等)或高温蒸汽等引发的伤害。烫伤可以分为低温烫伤和高温烫伤,其中低温烫伤在日常生活中更常见。低温烫伤是指皮肤长时间与温度高于体温但不算极高的物体接触而引发的伤害,例如皮肤接触70℃的物体持续1分钟,或者接触近60℃的物体持续5分钟以上,都有可能引发烫伤。烫伤后,会在伤处形成所谓的"热毒"。如果不能及时有效地进行散热,这种"热毒"会逐渐渗入皮肤,导致伤者的病情不断加重。烫伤面积稍大时,通常会导致皮肤留下瘢痕,使该处皮肤颜色变深,表面不平整。烫伤的程度可分为不同级别,处理方法也需因伤势而异。对于普通人来说,了解如何判断烫伤的伤势程度至关重要。

烫伤与烧伤相似,伤势程度从轻到重也可分为一度、二度(包括浅二度和深二度)和三度。

1. 一度烫伤损伤

一度烫伤表现为皮肤发红,有刺痛感,不起水疱,表面干燥;2~3天后,烫伤皮肤脱屑;3~5天即可痊愈,不留瘢痕。例如海边日光浴的皮肤损伤即为一度烫伤。

2. 二度烫伤损伤

(1)浅二度烫伤。浅二度烫伤是日常最多见的,表现为创面红肿,有水疱,疼痛剧烈,一般2周左右愈合。

(2)深二度烫伤。深二度烫伤表现为皮肤表皮易撕脱,基底红白相间,痛觉迟钝,3周以后愈合,但会留有色素及瘢痕。

3. 三度烫伤损伤

三度烫伤表现为皮、肉、骨均受伤,局部蜡白,伤处皮肤、肌肉坏死剥落。在深二度烫伤的基础上,如果创面感染化脓,那么就会成为三度烫伤,需要进行植皮手术治疗,痊愈后留有瘢痕或畸形。

一度烫伤可自行治疗,浅二度烫伤最好由专科医生治疗,深二度及以上烫伤必须由专科医生治疗。烫伤者的一只手掌相当于身体面积的1%,有条件者超过1%的烫伤就应该就医;烫伤面积成人达15%~20%、儿童与老人达10%~15%,可能会危及生命,必须尽快送医院治疗。

(二)烫伤事故的急救

生活中的热水、热油等液体的温度相对来说较低,但工业中的钢水、铁水、钢渣、高压蒸汽等温度可高达1250~1670℃,热辐射很强,易于喷溅,非常容易造成作业人员的烫伤事故。如果发生严重的烫伤,应立即采取急救措施,这就要牢记"冲、脱、泡、盖、送"五字要诀。

冲——用清水冲洗烧伤创面；

脱——边冲边用轻柔的动作脱掉烧伤者的外衣，如果衣服粘住皮肉，不能强扯，可以用剪刀剪开；

泡——用冷水浸泡创面；

盖——用干净的布单、衣物盖住或包扎伤处；

送——尽快送到具有救治烧伤经验的医院治疗。

常见的几种烫伤处理方法如下。

1. 开水烫伤

被开水烫伤时，最简便且有效的应急处理方式是立即使用大量流动的清水进行持续冲洗，以达到降温的效果，这个过程应持续大约20分钟，直至伤处温度与周围正常皮肤温度相近。在冲洗过程中，应特别注意控制流水的冲力，避免破坏烫伤后形成的水疱，尽量保持其完整性。若有衣物附着在烫伤部位，应在降温后再轻轻剪除，切勿强行剥离，以防撕裂水疱造成更严重的伤害。完成这些初步处理后，可以同步进行冰袋冷敷，以减轻创面疼痛，并尽快前往专科医院或整形科接受进一步治疗。

2. 热油烫伤

被热油烫伤时应立即用柔软的棉布轻轻擦去溅到的油，若伤处没有破损，再用干净毛巾蘸冷水湿敷伤处。去除高温的油后再用冷水敷，这样做的目的是起降温作用，可以减轻疼痛，尽量减轻烫伤的深度。烫伤程度浅，一般不会留有瘢痕，但在创面愈合干燥后会有色素沉着。这些色素沉着完全消退需要一定的时间，短则数天，长则几个月。在伤口愈合前最好忌辛辣刺激性食物，忌烟酒。

3. 皮肤烫伤

被开水、热汤、热油、蒸汽等烫伤时，轻者皮肤潮红、疼痛，重者皮肤起水疱，表皮脱落。发生烫伤后，可按以下方法处理。

（1）立即小心地将被热液浸透的衣裤、鞋袜脱掉，用清洁的冷水喷洒伤处或将伤处浸入清洁的冷水中，也可用湿冷毛巾敷在伤处。

（2）尽可能不要弄破水疱或表皮，以免引起细菌感染。为了防止烫伤处起水疱可用食醋洗涂伤处，也可以用鸡蛋清擦伤处。如果水疱已经被擦破，可用消毒过的纱布覆盖伤处，然后送医院治疗。

（3）轻度烫伤或烫伤面积较小，可用鸡蛋油涂抹伤处。

4. 喉咙烫伤

喝开水烫伤，患者剧烈咳嗽，会出现声嘶；同时伴有咽痛、吞咽困难等症状，属于轻度损伤。如果发生咽喉烫伤，可以马上慢慢吞咽凉开水，减轻疼痛，避免刺激，不要吃硬的、热的或辛辣的食物，要以流质食物为主。对于咽喉水肿严重，已明显影响呼吸者，应立即送往医院诊治。

5. 眼睛烫伤

人体有一种特有的自然保护性反应,譬如在灼热的致伤物突然溅起的瞬间,眼睛就会自然产生一种迅速的反射性闭眼动作,所以眼睛烫伤多半在眼皮上,烫伤会导致眼皮发红、肿胀,有时会起水疱。由于开水、水蒸气或沸油油滴都是高温无菌的,处理这类烫伤时不必进行冲洗,一般只需在伤处涂抹金霉素眼膏或红霉素眼膏。若有小水疱,则尽量不要挑破。伤处不必包扎,可任其暴露,经3~5天就会渐渐愈合。如果伤者眼内摩擦感很重,流泪极多,并且角膜(黑眼球)上可看到有白点,说明角膜已经被烫伤,这时一定要去医院治疗。

三、烧伤、烫伤对人的身心伤害

在日常生活中以及一些工业场所,如钢厂和锅炉厂的生产车间,烧伤和烫伤事故极易发生。这些事故不仅会对人的外貌造成严重影响,更会对其心理健康构成威胁。烧伤和烫伤对人体的身心危害主要表现在以下两个方面。

(一) 对生理方面的伤害

1. 感染或感染性休克

皮肤是人体的重要屏障,烧伤或烫伤后皮肤的保护功能会被破坏,全身免疫力降低,各种致病微生物可乘虚而入,导致创面感染或全身性感染。即使是轻度烫伤,如果发生感染,也会延长创面愈合时间,加剧瘢痕增生。

2. 瘢痕增生,影响容貌

一度或浅二度烧伤、烫伤,若能得到及时正确的治疗,则不会产生瘢痕增生,但深二度烧伤、烫伤创面,一般都要遗留不同程度的瘢痕增生,若得不到烧伤、烫伤专科医生及时、正确的治疗,则瘢痕增生、挛缩会更加明显,严重影响外观。

3. 肢体或器官的功能障碍

大面积深度烫伤、烧伤创面虽然可以愈合,但后期会发生广泛性瘢痕增生、挛缩,导致上、下肢各个关节功能障碍,面部五官变形、移位,影响劳动和生活。瘢痕形成的慢性溃疡还可能发生癌变。

(二) 对心理方面的伤害

烧伤后遗留的肢体功能障碍和容貌损害,容易使患者的自尊心、自信心受挫,生活热情降低,工作能力下降,生活质量下降,产生悲观厌世的情绪,甚至会发展为精神性疾病或引发自杀行为。

四、烧伤、烫伤事故的预防

烧伤和烫伤事故对人的身心健康有着不同程度的损害。因此,对于遭遇此类伤害的患者,必须采取紧急救助措施。然而,预防总是优于治疗,尽可能减少此类事故的发生才是最重要的。

（一）生活方面的预防措施

在生活方面，可以采取以下预防措施。

（1）加强对防烧伤、烫伤知识的系统学习和了解，增强自我保护意识。

（2）将暖水瓶、热水壶、热汤盆等放在安全、不易触及的地方，以免因触碰造成烫伤。

（3）洗澡时应测试水温，确保水温适中，避免高水温造成的烫伤。

（4）当煤气泄漏时，切勿使用电话、电扇或排风扇，应立即开窗通风，以防止火灾和烧伤的发生。

（5）不要使用打火机或明火查看油箱的油量，以免引发火灾。

（6）在雷雨天，应避免在树下或电线杆附近避雨，以防被雷电击中，导致电烧伤。

（二）工作方面的预防措施

在工作方面，可以采取以下预防措施。

（1）工作时注意烫伤的警示标志，并严格按照规章制度操作，确保工作安全。

（2）工厂中应正确安装电气设备，禁止乱接电线和插座，以防电击和火灾。

（3）对于强酸、强碱等腐蚀性液体，应严格管理，禁止随意放置和使用，以免发生化学烧伤。

（4）在加油站等易燃易爆场所，严禁携带和使用打火机、火柴等易燃物品。

（5）对煤窑、钢铁厂、水泥厂、石灰厂等的相关设备应定期进行安全检查，做好安全防护措施，确保工作环境的安全。

总的来说，无论是生活中还是工作中，都应提高安全意识，采取有效的预防措施，以尽量避免烧伤和烫伤事故的发生，保护身心健康。

典型案例

烫伤处置要谨慎

张阿姨在家准备晚餐时，不小心打翻了刚烧开的热水壶，热水溅到了她的右手臂上。由于事发突然，张阿姨只是本能地用冷水冲洗了一下伤口，然后涂抹了一些药膏。然而，第二天伤口出现了红肿和疼痛加剧的情况，她不得不前往医院就诊。

案例分析：

在这个案例中，张阿姨存在以下问题：热水壶放置位置不当，过于靠近操作台边缘，容易被碰倒。张阿姨在操作热水壶时没有全神贯注。家庭中缺乏必要的烫伤急救知识，对于烫伤后的初步处理不够科学。

热水壶、热汤等高温物品应放置在稳固且不易被碰倒的地方。在处理高温物品时，应保持专注，避免分心。家庭成员应学习基本的烫伤急救知识，如迅速用冷水冲洗伤口、避免使用刺激性药膏等。

思考与探究

1. 如何对烧伤、烫伤的伤势进行判断？
2. 如何对烧伤、烫伤的患者进行急救？
3. 错误的急救处理方式会带来哪些危害？

话题四　自然灾害自救与逃生

情景导入

地震、洪水、山火等自然灾害以其不可预测的特性和巨大的破坏力，对人类生命和财产安全构成了严重威胁。在这些突如其来的灾难面前，自救与逃生的能力显得尤为关键。因此，掌握基本的自救技巧，了解有效的逃生方法，对每个人来说都至关重要。

面对形式多样的灾害事故，许多学生由于缺乏相关的科学知识和防灾训练，常常会出现集体恐慌的情况。这不仅影响了个人的安全，也可能加剧灾害的破坏性影响。因此，加强自然灾害的自救与逃生教育，提高学生的防灾意识和能力，可以更好地保护自己、守护家园，共同应对自然灾害的挑战。

知识讲解

一、自然灾害的概念、特征与影响

（一）自然灾害的概念

自然灾害是指危及人类生命财产安全与生存条件的自然变异现象和过程，是大自然活动给人类带来的灾害。自然灾害的形成必须具备两个条件：一是要有自然异变作为诱因；二是要有受到损害的人、财产、资源作为承受灾害的客体。

（二）自然灾害的特征

（1）自然灾害的特性在于其广泛性与区域性并存。其广泛性体现在无论是广阔的海洋，还是密集的陆地，是繁华的城市，还是宁静的农村；是平坦的平原、丘陵，还是起伏的山地、高原，只要有人类活动的地方，自然灾害都有可能无情地降临。而其区域性则源于自然地理环境的独特性，不同的地理环境中自然灾害的种类也不同，使灾害的发生呈现出地域性的特征。

(2) 自然灾害具有频繁性与不确定性。全球每年都会有大量的自然灾害发生,无论规模大小,其数量都相当可观。更令人担忧的是,近年来自然灾害的发生频率似乎还在增加。而自然灾害的不可预测性,如发生的时间、地点和规模等,使我们防范和应对起来更加困难,增加了灾害带来的风险和挑战。

(3) 自然灾害具有周期性和不重复性。对于许多主要的自然灾害,如地震、干旱和洪水,它们并非毫无规律地发生,而是呈现出一定的周期性。我们常常听说的"十年一遇、百年一遇"的说法,其实正是对自然灾害周期性的一种通俗表达。然而,尽管有些灾害的类型可能相似,但每一次灾害的过程和结果都是独一无二的,这就是自然灾害的不重复性。

(4) 自然灾害之间存在着紧密的联系性。这种联系性主要体现在两个方面:一是区域之间的相互影响;二是灾害之间的连锁反应。一些自然灾害可能互为诱因,形成灾害链或灾害群。例如,火山活动就可能引发一系列连锁灾害,包括火山爆发、冰雪融化、泥石流和大气污染等。

(5) 各种自然灾害所造成的破坏与损失都是极其严重的。以地震为例,全球每年发生的地震数量惊人,其中不少会造成严重的破坏。

(三) 自然灾害对心理的影响

自然灾害会引起人的焦虑、压抑及其他情绪和知觉问题。影响的时间及人们能否尽快适应仍然是未知数。在洪水、龙卷风、飓风及其他自然灾害过后,受害者会表现出恶念、焦虑、压抑和其他情绪问题,这些问题会持续一年左右。一种极度的灾难的持续效果,称为创伤后应激障碍,即经历了创伤以后,持续的、不必要的、无法控制的联想无关事件的念头,强烈地避免提及事件的愿望、睡眠障碍、社会退缩及强烈警觉的焦虑障碍。

自然灾害的具体影响包括:灾害会带来实质性的创伤和精神障碍;绝大多数的痛苦在灾后一两年内消失,人们能够自我调整;由灾害引起的慢性精神障碍非常少见;有些灾害的整体影响可能是正面的,因为它可能会增加社会的凝聚力;灾害扰乱了组织、家庭及个人生活。

二、各类自然灾害的防范与应对

(一) 地震

1. 地震概述

地震是指地球内部缓慢积累的能量突然释放引起的地球表层的振动。当地球内部在运动中积累的能量对地壳产生的巨大压力超过岩层所能承受的限度时,岩层便会突然发生断裂或错位,使积累的能量急剧地释放出来,并以地震波的形式向四周传播,形成地震。一次强烈地震过后往往伴随着一系列较小的余震。

2. 地震的破坏

地震直接灾害是指由地震的原生现象,如地面断层错动,以及地震波引起地面振动所造成的灾害。例如,地面的破坏,建筑物与构筑物的破坏,山体破坏如滑坡、泥石流,以及海啸、地光烧伤等。地震次生灾害是直接灾害发生后,破坏了自然或社会原有平衡或稳定状态而引发的灾害,如火灾、水灾、毒气泄漏、瘟疫等。其中火灾是次生灾害中最常见、最严重的。

3. 地震的防范与应对

(1) 身体应采取的姿势。伏尔待定,蹲下或坐下,尽量蜷曲身体,降低身体重心。抓住桌腿等牢固的物体。用枕头、坐垫、毛衣外套等遮住自己的头颈、面部,遮住口鼻和耳朵,防止灰尘和泥沙灌入,避开人流,不要乱挤乱拥,不要随便使用明火,因为空气中可能有易燃易爆气体。

(2) 家庭避震的方法。地震预警时间短暂,室内避震更具有现实性,而室内小构架房屋倒塌后形成的三角空间,往往是人们得以幸存的相对安全地点,可称其为避震空间,这主要是指大块倒塌体与支撑物构成的空间。室内易形成三角空间的地方是炕或结实的床檐下、坚固家具附近、内墙墙根、墙角以及厨房、厕所、储藏室等空间小的地方。

(3) 学校避震的方法。若正在上课时发生地震,则可在教师指挥下躲在桌椅旁或靠墙根趴下避险。若教室是平房,则座位离门窗较近的同学,可迅速从门窗逃到室外;离门窗较远的同学,可迅速抱头、闭眼并躲在各自的课桌下。在操场或室外时,可在原地蹲下,双手保护头部,注意避开高大建筑物或危险物。不要跑回教室。首震后,应立即有组织地撤离。在楼房里的学生,遇震时千万不要乘坐电梯!即使地震发生时已在电梯内,也应就近停下迅速撤离。不要乱挤乱拥,千万不要跳楼,不要站在窗外,不要到阳台上,应迅速躲进跨度小的空间。

(二) 台风

1. 台风概述

台风是一种热带气旋,是指发生在热带或副热带洋面上急速旋转的低压涡旋,常伴有狂风暴雨和风暴潮。世界气象组织定义:中心持续风速在 12 级至 13 级(即 32.7m/s 至 41.4m/s)的热带气旋为台风或飓风。北太平洋西部(赤道以北,国际日期线以西,东经 100°以东)地区通常称为台风,而北大西洋及东太平洋地区则普遍称为飓风。

世界气象组织把热带气旋按照中心附近最大平均风力大小划分为 4 个级别:风力 6~7 级的称"热带低压",风力 8~9 级的称"热带风暴",风力 10~11 级的称"强热带风暴",风力 12 级及 12 级以上的就是"台风"了。台风的近中心最大风速在 32.6m/s 以上。气象台根据台风可能产生的影响,在预报时采取"消息""警报""紧急警报"三种形式向社会发布;同时,按台风可能造成的影响程度,从轻到重向社会发布蓝、黄、橙、红四色台风预警信号。公众应密切关注媒体有关台风的报道,及时采取预防措施。

2. 台风的防范与应对措施

在台风即将来临之际,务必做好充分准备,确保生活所需物品一应俱全。应备齐手电筒、收音机、食物、饮用水及常用药品等,以备不时之需。同时,要仔细检查家中门窗是否牢固,确保其能够抵御台风的冲击。家中悬挂的物品应取下,避免在台风中造成意外伤害。此外,电路、炉火、煤气等设施的安全性也不容忽视,须仔细检查并排除潜在隐患。对于养在室外的动植物及其他物品,应及时移至室内,以免遭受台风破坏。特别是楼顶上的杂物,务必搬进室内,以免在强风中造成危险。室外的易被风吹动的物品也要进行加固处理,防止其成为安全隐患。

在台风来临期间,应尽量避免前往台风经过的地区旅游,更不可冒险到海滩游泳或驾船出海。对于居住在低洼地区和危房的人员,应及时转移到安全住所,确保人身安全。同时,要保持排水管道的畅通,及时清理堵塞物,以防台风带来的大量降水引发水患。

相关部门也应积极行动,加固户外广告牌,防止其在台风中倒塌伤人。建筑工地要做好临时用房的加固工作,并妥善整理和堆放建筑器材和工具,以防台风造成损失。园林部门则需对城区的行道树进行加固处理,确保其能够经受住台风的考验。

(三) 雷电

1. 雷电概述

雷电是大气中的一种放电现象,雷、电、云在形成过程中,一部分积聚起正电荷,另一部分积聚起负电荷,当这些电荷积聚到一定程度时,就产生了放电现象。放电有的发生在云层与云层之间,有的则发生在云层与大地之间,这两种放电现象就是人们俗称的"打雷"。雷电全年都会发生,而强雷电多发生在春夏之交和夏季。打雷造成的危害又称雷击,雷击分为直接雷击和间接雷击。它会破坏建筑物、电气设备,伤害人、畜。打雷放电时间极短,但电流异常强大。放电时产生的强光就是闪电。闪电时释放出的大量热能,能使空气温度瞬间升高10000~20000℃。如此巨大的能量具有极大的破坏力,可造成电线杆、房屋等被劈裂倒塌及人、畜伤亡,还可引起火灾及易爆物品爆炸。

2. 雷电的防范与应对措施

(1) 室内避雷。在雷雨天气来临时,务必确保家中的门窗紧闭,这样可以有效防止侧击雷和球状雷的侵入。为了安全起见,建议切断所有家用电器的电源,并将电源插头全部拔出。此时,应避免使用带有外接天线的收音机或电视机,同时不宜接打固定电话。在雷雨交加的情况下,切勿接触天线、煤气管道、铁丝网、金属窗以及建筑物外墙等金属物体,以防触电。此外,务必远离带电设备,以免发生危险。赤脚站在水泥地上也是不安全的,要避免这种行为。同时,在雷电交加的时候,切勿使用淋浴喷头洗澡,以免发生意外。

(2) 户外避雷。在选择避雷场所时,应优先选择装有避雷针、钢架或钢筋混凝土的建筑物等安全地点,但要切记不可靠近这些防雷装置的任何部分。若周围没有合适的避雷场所,可以采取蹲下姿势,两脚并拢、双手抱膝,尽量降低身体重心,减少身体与地面的接触面积,以减小雷击的风险。若此时能迅速披上防水雨衣,则防雷效果更佳。

在空旷地带,务必关闭手机,并严禁使用手机通话,以免增加雷击的风险。若有多人一同在野外,应相互保持一定距离,避免拥挤在一起,以减小群体遭雷击的可能性。

在雷雨天气中,应避免驾驶摩托车或骑自行车,更不可在雨中加速行驶。若乘坐汽车时遭遇龙卷风,应立即下车寻找安全的避难所,切勿留在车内。

当高压电线遭雷击落地时,附近的人应保持高度警觉,注意防范地面"跨步电压"的危险。正确的逃离方法是双脚并拢,跳着离开危险地带,以免受到电击。

若有人遭受雷击,须立即进行急救。对于被雷击烧伤或严重休克的人,身体不带电的,可以安全地扑灭身上的火焰并进行紧急救治。若伤者失去知觉但仍有呼吸和心跳,应使其平躺,安静休息,随后送往医院。若伤者呼吸和心跳停止,应立即进行口对口人工呼吸和胸外心脏按压等急救措施,并尽快送往医院抢救。

(四) 海啸

1. 海啸概述

海啸是一种具有强大破坏力的海水剧烈运动。海底地震、火山爆发、水下塌陷和滑坡等都可能引起海啸,其中海底地震是海啸发生的最主要的原因,历史上的特大海啸都是由海底地震引起的。

2. 海啸的预防与应对措施

发生海啸时,航行在海上的船只不可以回港或靠岸,应该马上驶向深海区,深海区相对于海岸更为安全。

在海啸中不幸落水时,应尽快抓住木板或其他漂浮物,同时要留意避开周围的硬物,以免发生碰撞。在水中,不要举手乱动或过度挣扎,应尽量减少身体动作,放松身体,随波浪漂流。这样可以保持浮力,避免下沉,同时也有助于节省体力,减少消耗。如果海水温度较低,切记不要脱掉衣物,以保持体温。此外,千万不要饮用海水,因为海水不仅无法解渴,还可能引发幻觉,导致精神异常甚至危及生命。

在海上,应尽可能与其他落水者靠近,这样不仅可以相互扶持和鼓励,而且由于目标变大,也更容易被救援人员发现。在这种危急时刻,团结互助至关重要,共同面对困境,等待救援的到来。

(五) 泥石流

1. 泥石流概述

泥石流是由暴雨、冰雪融水等自然力量在山区沟谷或斜坡上引发的特殊洪流,其中含有大量的泥沙、石块乃至巨石。这种自然现象往往与山洪相伴而生,来势凶猛。在极短的时间内,大量的泥石流会猛烈冲击,席卷一切,冲出沟壑,最终在沟口堆积成山。泥石流的破坏力极强,无论是道路、河道,还是村庄、城镇,都难以抵挡其冲击。它不仅能冲毁道路,使交通中断,堵塞河道,导致水流改道,甚至能淤埋整个村庄或城镇,给人们的生命财产安全带来严重威胁,也对经济建设造成巨大的损失。因此,必须高度重视泥石流的防范与治理,确保人民生命财产的安全。

2. 泥石流的预防与应对措施

居住在泥石流多发地区的居民,要随时注意灾害预警预报,选好躲避路线,避免泥石流发生时措手不及。在沟谷内逗留或活动时,一旦遭遇大雨、暴雨,要迅速转移到安全的高地。要留心周围环境,如果发现远处传来土石崩落、洪水咆哮等异常声响,往往是发生泥石流的征兆。不要在低洼的谷底或陡峻的山坡下躲避、停留。暴雨停止后,不要急于返回沟内,应等待一段时间。发现泥石流袭来时,要马上向沟岸两侧高处跑,千万不要顺着沟的方向往上游或下游跑。

(六) 滑坡和崩塌

1. 滑坡和崩塌概述

斜坡上的岩土体受河流冲刷、地下水活动、地震及人工切坡等的影响,在重力作用下沿着一定的软弱面(或软弱带)整体或分散地顺坡下滑,这种现象称为滑坡,俗称"走山"。滑坡在斜坡上常呈圈椅状或马蹄状,具有环状的后壁、拉开的裂缝、多级的台阶、垄状上凸的前缘等地貌特征。崩塌是指由于地壳活动等内动力地质作用,以及日晒雨淋等外动力地质作用引发的岩土体开裂。

滑坡的主要诱发因素有地震、降雨或融雪、河流、洪水等地表水对斜坡不断冲刷;人类的活动,如开挖坡脚、坡体堆载、爆破、水库蓄水、泄洪、开矿等;此外,海啸、风暴潮等也可诱发滑坡;也有滑坡体经历数年、数十年的缓慢变化后突然滑动的情况。

2. 滑坡和崩塌的预防与应对措施

当发现有滑坡、崩塌的前兆时,应立即报告当地政府或有关部门,同时通知其他受威胁的人群。要提高警惕,密切注意观察,做好撤离准备。行人与车辆不要进入或通过有警示标志的滑坡、崩塌危险区。

逃离时一定不要朝着滑坡方向跑,要向滑坡方向的两侧逃离,并尽快在周围寻找安全地带。当无法继续逃离时,应迅速抱住身边的树木等固定物体,躲避在结实的障碍物下,注意保护好头部。如果处于滑坡体中部无法逃离时,可以找一块坡度较缓的开阔地停留,但一定不要和房屋、围墙、电线杆等靠得太近。如果处于滑坡体前沿或崩塌体下方时,要迅速向两边逃生。

(七) 高温热浪

1. 高温热浪概述

气温在35℃及以上时,气象学上称为"高温天气",如果连续几天都超过最高气温,可称为"高温热浪"天气。许多科学家指出,从长时间来看,世界范围内频繁遭受热浪侵袭,与全球变暖有很大关系。而影响每年极端"高温热浪"事件爆发频次和强度的直接因素,则是大气环流异常。工业生产、空调、车辆行驶等,都有一定的热量排放。同时城市建设使植被大量减少,由此带来的"热岛效应"也加剧了极端高温的酷热程度。

2. 高温热浪的防范与应对措施

尽量避免在午后高温时段进行户外活动,同时做好必要的防护措施以应对高温天气。对于需要在户外或高温条件下工作的人员,更应该采取充分的保护措施来确保自身安全。此外,还应注意合理安排作息时间,保证充足的睡眠,以维持身体的良好状态。在必要时,可以准备一些常用的防暑降温药品,以备不时之需。通过这些措施,可以更好地应对高温天气,保障自身的健康和安全。

(八) 寒潮和暴雪

1. 寒潮和暴雪概述

寒潮,顾名思义,是寒冷的空气像潮水一样奔流过来的意思。一般是冷空气侵袭到某地后,那些地方的温度在一天内降低10℃以上,同时,那一天的最低温度又在5℃以下,人们才把这股冷空气称为寒潮。与寒潮相伴的暴雪也是我国最常见的一种灾害性的天气现象。24小时内降雪量超过10mm的降雪,就称为暴雪。伴随暴雪的还有大风等恶劣天气。

2. 寒潮和暴雪的防范与应对

在寒潮来临时,特别需要注意添加衣物,做好保暖工作,以防止寒冷天气对身体造成不良影响。同时,为防止自来水冻结,也需要采取相应的措施。晚上睡觉前,应关闭门窗,特别是朝北的窗户,以保持室内温度。但在密闭住所的同时,也要注意检查热水器及取暖设备,确保没有煤气泄漏等安全隐患。对于北方地区,如果连续5天以上出现低温天气,应及时检查平房外部的管道,防止管道因低温而冻裂,影响正常生活。此外,还应关注媒体报道的大风降温最新信息,以便及时采取应对措施。在出门时,要特别留意湿滑的冰冻路面,避免因摔倒而造成骨折或骨裂等伤害。

典型案例

据中国地震台网测定,北京时间2023年12月18日23点59分在甘肃省积石山县发生6.2级地震,震中位于35.70°N,102.79°E。此次地震震中距离积石山县城仅8公里,距离兰州市102公里,人口相对密集。青海省循化县、民和县、甘肃省兰州市、定西市、武威市、金昌市、庆阳市、平凉市、天水市、陇南市等地震感明显。积石山地震共造成131人死亡,980人受伤,16人失联,是2023年造成我国人员伤亡最严重的一次地震。此次地震发生在柴达木—祁连块体东北缘,拉脊山断裂系南段附近,是继2001年昆仑山口8.1级地震、2016年门源6.4级地震、2021年玛多7.4级地震和2022年门源6.9级地震之后,在柴达木—祁连块体内部发生的最大一次地震。

(资料来源:https://www.yinchuan.gov.cn/xxgk/bmxxgkml/sdzj/xxgkml_2699/zqxx/202312/t20231221_4392335.html)

案例分析:

在此次积石山6.2级地震中,可以总结出以下关于地震自救和逃生的要点。

1. 地震前

虽然此次地震难以提前准确预测,但平时应加强地震知识的学习和宣传,提高公众的地震防范意识。各地政府和相关部门应定期组织地震应急演练,让民众熟悉地震发生时的应对方法和逃生路线。

2. 地震时

(1) 在室内

迅速躲到坚固的家具下面,如桌子、床等,用双手紧紧抓住家具腿,保护好头部、颈部和身体要害部位。在此次地震中,很多幸存者就是因为及时躲到了合适的位置而逃过一劫。

远离窗户、玻璃门等易碎物品,以免被破碎的玻璃划伤。玻璃破碎是地震时常见的危险之一,应尽量避开这些区域。

不要躲在吊灯、电扇等悬挂物下面,防止掉落砸伤。室内的悬挂物在地震中很容易掉落,对人造成严重伤害。

(2) 在室外

远离建筑物、电线杆、广告牌等可能倒塌的物体。在地震中,这些物体可能会倒塌,对周围的人造成威胁。

尽量选择空旷的地方,如广场、操场等。空旷的地方相对安全,可以避免被倒塌的建筑物掩埋。

3. 地震后

(1) 被埋在废墟下

保持冷静,不要惊慌。尽量保存体力,不要大声呼喊,以免消耗过多氧气。在等待救援的过程中,保持冷静非常重要。

用周围可以找到的物品,如衣服、毛巾等,捂住口鼻,防止灰尘吸入。地震后往往会有大量的灰尘,捂住口鼻可以避免吸入灰尘对身体造成伤害。

利用身边的硬物,如石块、木棍等,有规律地敲击周围的物体,发出求救信号。这样可以让救援人员更容易发现你的位置。

(2) 成功逃生后

远离危险区域,不要返回可能倒塌的建筑物内取物品。地震后建筑物可能会不稳定,再次进入可能会面临危险。

协助救援人员进行救援工作,但要注意自身安全。在确保自身安全的前提下,可以帮助救援人员寻找幸存者、提供信息等。

思考与探究

1. 什么是自然灾害?
2. 如何防范与应对地震、海啸、泥石流等各类自然灾害?

参 考 文 献

[1] 贾如春.信息安全基础[M].北京:电子工业出版社,2020.

[2] 哈伯德,魏斯贝格.给孩子的网络生存手册[M].小砂,译.北京:中信出版社,2020.

[3] 陶然.网络成瘾探析与干预[M].上海:上海人民出版社,2007.

[4] 田晏东.新形势下加强高校公共卫生安全管理和教育的思考[J].理论观察,2020(7).

[5] 彭靖咏.大学生公共卫生安全知识能力现状分析——以某高职院校学生公共卫生安全知识能力调查分析为例[J].重庆电子工程职业学院学报,2022(1).

[6] 肖炜.谈加强学校安全教育[J].辽宁教育行政学院学报,2004(12).

[7] 王伟.加强应急科普工作 提高应对突发公共事件能力[J].民主与科学,2020(1).

[8] 童超程.协同理论视域下浙江省青少年防溺水实施路径研究[D].武汉:武汉体育学院,2023.